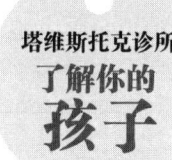

6-9岁孩子为何喜欢装大人？

Understanding 6-7-year-olds
Understanding 8-9-year-olds

［英］科琳娜·阿维斯　　比迪·尤埃尔　著
（Corinne Aves）　　（Biddy Youell）

杨维玉　译

林怡青　丁薇　审校

中国轻工业出版社

图书在版编目（CIP）数据

6—9岁孩子为何喜欢装大人？／（英）科琳娜·阿维斯（Corinne Aves），（英）比迪·尤埃尔（Biddy Youell）著；杨维玉译．—北京：中国轻工业出版社，2019.6（2025.2重印）

（塔维斯托克诊所·了解你的孩子）
ISBN 978-7-5184-2169-5

Ⅰ.①6…　Ⅱ.①科…②比…③杨…　Ⅲ.①儿童心理学　Ⅳ.①B844.1

中国版本图书馆CIP数据核字（2018）第249990号

版权声明

Understanding 6–7 Year Olds Copyright © The Tavistock Clinic, 2006
Understanding 8–9 Year Olds Copyright © The Tavistock Clinic, 2008
First published in the UK in 2006 & 2008 by Jessica Kingsley Publishers Ltd
73 Collier Street, London, N1 9BE, UK
www.jkp.com
All rights reserved
Printed in U.K
《6—9岁孩子，为何喜欢装大人？》中文译稿 © 2012/12/18，
Corinne Aves、Biddy Youell/著，杨维玉/译
简体中文译稿经由心灵工坊文化事业股份有限公司
授权北京万千电子图文信息有限公司（中国轻工业出版社）
在中国大陆地区独家出版发行

责任编辑：孙蔚雯　　　　　　责任终审：腾炎福
策划编辑：孙蔚雯　阎　兰　　责任校对：刘志颖　　　责任监印：吴维斌

出版发行：中国轻工业出版社（北京鲁谷东街5号，邮编：100040）
印　　刷：三河市鑫金马印装有限公司
经　　销：各地新华书店
版　　次：2025年2月第1版第5次印刷
开　　本：880×1230　1/32　印张：7.75
字　　数：105千字
书　　号：ISBN 978-7-5184-2169-5　定价：48.00元
读者热线：010-65181109
发行电话：010-85119832　　010-85119912
网　　址：http://www.chlip.com.cn　http://www.wqedu.com
电子信箱：1012305542@qq.com
版权所有　侵权必究
如发现图书残缺请拨打读者热线联系调换
242727Y2C105ZYW

推荐序一
成长与陪伴

林玉华
台湾辅仁大学医学院临床心理学系教授

塔维斯托克（Tavistock）诊所[1]自1920年成立以来，其发展深受精神分析的影响。将近一个世纪，塔维斯托克诊所以对于心理健康服务之推动以及训练心理治疗师的贡献享誉全球。目前，它已经成为英国最大的心理健康专业人员培训机构，为家庭医生、精神科医生、精神科社工、精神科护士、育婴工作者、教育心

---

[1] 第一次世界大战之后，神经科医生Hugh Crichton-Miller在维也纳心理学派的基础上，针对患震弹症和神经症的退伍军人研发出了一套心理治疗法。之后在Crichton-Miller医生的推动之下，于1920年催生了塔维斯托克医学心理学院（即目前的塔维斯托克诊所和培训中心），从此展开了对于一般民众的心理治疗服务以及针对心理治疗相关专业人员的训练。除了精神分析导向的心理治疗之外，塔维斯托克培训中心近50年来也陆续推出了短期动力导向心理治疗、系统家庭治疗以及团体治疗等多样化的心理治疗模式。至今，该中心每年会提供超过60种不同的培训课程，每年会培训出约1700名专业人员。塔维斯托克诊所直至今日仍是精神分析导向心理治疗师的培训重镇，其领军地位依然屹立不摇。

理师、临床心理师以及心理治疗师提供高质量的训练课程及学位学历。除此之外，塔维斯托克诊所也以其精湛的临床和咨询经验以及研究结果推出了系列丛书，借此增进心理相关专业人员对于各年龄层的个案在心理健康领域各个层面的理解与介入。"塔维斯托克诊所·了解你的孩子"系列丛书由一群在塔维斯托克诊所受训过的临床工作者或督导执笔[1]，他们根据自己的临床经验与反思，提出了对于婴幼儿的心智世界以及亲子关系的独到见解。

本书并未尝试为父母提供关于婴儿生理发育的知识或育婴法则，亦未试图针对幼儿的教育问题给予具体的建议。本书的作者们都曾受过精神分析或是精神分析导向心理治疗的训练，因此他们的反省主要在于陈述婴幼儿内心世界的发展，特别是一个人从胎儿、婴儿、幼儿到学龄期与主要照顾者之间所发展出的错综复杂的关系。例如，婴幼儿与父母之间的情绪经验，这些强烈的情绪经验如何彼此传递，以及这些情绪之间的相互作用如何影响婴幼儿内心世界的发展；随着婴儿的长大，当他们变得越来越独立，也越来越有自己的想法与主见时，父母所面临的情绪冲击与抉择，以及婴儿作为一个独立的个体，与父母之间的交错动力如何再度展开。

---

[1] 在"塔维斯托克诊所·了解你的孩子"系列丛书的作者群中，有半数以上的人曾经是我在塔维斯托克受训时的老师，能够再度赏阅他们年轻时的著作，甚是喜悦。其中，苏菲·博斯韦尔（Sophie Boswell）是我在受训时的同事，每当聆听她的个案报告，我总是为她优美的文笔赞叹不已，看到她也在作者群中，为她感到无比骄傲。

推荐序一 成长与陪伴

许多初为人母者可能对于正在孕育的以及即将诞生的婴儿怀有许多幻想与情绪。婴儿出生时的慌乱和可能随之而来的失落感，以及婴儿诞生之后的强烈情绪和必须立刻被满足的要求，可能都会使初为人母者感到惊愕与措手不及。当婴儿渐渐长大，父母也必须不断适应婴儿的变化、自己复杂的情绪变迁以及随之而来的层层挑战。有些父母会因为孩子的日渐独立而如释重负，并重新找回自己的立足点；有些则会发现随着婴儿的成长，自己处在难以忍受的失落中；另有一些父母则无视孩子的变化，而继续沉溺在彼此牵绊的情感依恋中。

20年前，我为了接受精神分析导向心理治疗的训练，开始进行婴儿观察，其中有一段婴儿刚满1岁时的情景以及母亲的对话，现在回忆起来仍然历历在目。我去观察的那一天，刚好看到婴儿开始学习扶着床边走路。母亲坐在地上满意地看着婴儿摇摇摆摆地从床沿的这一端往另一端走，走着走着，母亲突然开玩笑地对婴儿说："你真的要走啦？可是你忘了带尿布喔。"听到母亲的提醒，婴儿面无表情地扶着床沿往回走，这时我和那位母亲都会心地笑了。母亲将装有尿布的背包挂在婴儿的双肩上。婴儿背着背包又继续扶着床沿往另一端走。婴儿走到半路，母亲又提醒婴儿尚未带奶瓶。婴儿再次面无表情地扶着床沿往回走，母亲将奶瓶放入婴儿的背包中。婴儿背着装有生活用品的背包，再次展开他的旅程。这时，母亲脸上满意与骄傲的表情突然收敛了起来，带着感叹的语气跟我说："你看，他这样走着走着，有一天，他就会这样走出去,再也不需要我了!"这一幕描绘了母亲看着1岁的婴儿渐渐能掌控自己的四肢时的感受,虽然1岁的婴儿离变成一个独立自主的人还有一段不短的距离,但是看着婴儿渐渐能运用自己的四肢做自己想做的事,已经让一位母亲在心中揣摩着孩子独立之后的样子,以及自己在孩子独立之后的位置。

费来堡(Fraiberg)的经典文献《育婴室里的阴魂》(*Ghosts in the nursery*; Fraiberg, Adelson & Shapiro, 1975),阐述了在婴儿诞生时,父母未处理好的过去如何会再次像阴魂一样笼罩育婴室,影响着父母对于婴儿的想象与看法以及母婴的互动关系[1]。婴儿的情绪勾引出了父母的情绪,而父母自己的早期经验又反过来影响着他们对于婴儿情绪的解读与反应,如此反复,婴儿与父母之间错综复杂的情绪环环相扣,要找出这之间的系铃者已非易事,这个铃要怎么解,更是一门大学问。

"塔维斯托克诊所·了解你的孩子"系列丛书不一定可以给你提供所要的答案,但是一定可以帮助你了解自己和你的孩子。

---

[1] Fraiberg, S., Adelson, E., & Shapiro, V. (1975). Ghosts in the nursery: A psychoanalytic approach to the problems of impaired infant-mother relationships. *Journal of American Academy of Child & Adolescent Psychiatry, 14* (3), 387-422.

推荐序二
改变从理解开始

李松蔚
北京大学临床心理学博士
家庭咨询师，自媒体专栏作者

"从来就没有单纯的婴儿这回事。"温尼科特说。

这句话从本质上揭示了育儿的挑战和魅力所在。婴儿的一切行为、情感都是变化的、互动的，必须放到与养育者的关系中去理解。这就注定了一切机械论的、还原主义的尝试都行不通。想要理解他们的小脑瓜里千变万化的思想，予以恰当的应对，是一项高难度的挑战，充满了自我参照的不确定性。塔维斯托克的这套书出色地完成了这个挑战。

这套书可以帮助家长了解孩子内在的发展变化规律。理解了这些规律，父母心里有了底气，就会减少很多不必要的担心：为什么孩子总喜欢把东西按照固定的次序排列？为什么他不跟别的小朋友一起玩？他看动画片是不是太多了？为什么他总在分心，是否专注力不够？……如果缺乏相关的知识，就很容易引起父母的紧张，甚至是灾难化的想象：这会不会是某种疾病的早期征兆？会不会耽误孩子的未来发展？我应该做点什么，以便及时干预这些"问题"？

最近这些年，随着原生家庭这个说法的流行，年轻的父母对育儿这件事普遍感到紧张。社会舆论的压力也越来越大，几乎所有父母都在学习怎样为孩子做得更多、更好。一方面，人们愿意为孩子多花时间精力，这挺好。另一方面，时间精力如果没有花在点上，不但可能没效果，反而可能加重孩子的负担。有时，我们会听到一些夸张的"提前教育"——教幼儿园小朋友学习小学高年级的知识，所需的思维能力远远超出了小朋友的年龄认知水平，他不可能真正掌握，除了死记硬背，别无他法。如果看过这套书，就不会犯这种错误。

我们应该为孩子做他们真正需要的事，而不是我们自认为必要的事。

父母为孩子做什么、不做什么，毫无疑问会对孩子产生深远影响。从这个角度来说，这套书可以改变你们家庭的互动模式。有时候，父母沉浸在自己的一套理论中，认定孩子是疯狂的、野蛮的、不守规则的，甚至是充满破坏性的。带着这些理解，他们会对孩子的言行做出负面解读："他为什么不写作业？一定是因为想偷懒。"甚至，"一定是为了故意气我。"之后他们就会以回应负面行为的方式处理：批判、打压、惩罚……

按照系统家庭治疗的理论，这些回应方式跟孩子形成了某种

推荐序二 改变从理解开始

僵化的互动模式，反而导致了问题的维持。为了改变这种模式，系统家庭咨询师在咨询中经常问父母："孩子这样做，有什么好的理由呢？"我们期待父母从孩子的行为中看到善意的、正向的动机。哪怕孩子真的做出了糟糕的行为，如果父母在教育他的同时能够以一种欣赏的眼光看待孩子在行为背后的诉求，他们之间的关系就会很不一样，孩子的行为也更容易改变。

但父母有时很难改变，他们站不到理解孩子的立场上："理由？他就是个熊孩子。"

以后，我会建议他们读一读这套书。幸运的是，这是一套用善意写就的书，书里有很多"好的"理由，它帮我们认识到孩子是如何一天天长大的，他们的内在发生了何等奇妙的变化，他们是如何以符合心智水平的方式解决他们特有的问题的。没有指责，没有评价；只有深深的共情和理解。理解孩子的同时，也帮助家长理解自己——每个父母都可以在书里看到自己；你的孩子怎么样，就会导致你怎么样，你被激发出什么样的情绪，最终陷入怎么样的互动中……这套书会告诉你，这些过程是如何发生的。只要你了解了，就不会再被它左右。

常常有人问："要怎么培养一个理想的孩子？"其实就像养花，重要的是认识它的内在规律。你嫌它长得慢，或者不是你要的样子；但你永远不能替它生长。你无法控制一朵花怎样长大，到什么时间开花。它有自己的节奏。我们能做的就是给它适宜的环境、光照和水分，然后就是等待。话虽如此，但等待的过程是煎熬的，而且充满自我怀疑。好在这套书可以告诉我们，这朵花正在怎样长大。这一点对所有"养花人"来说，都是有功德的。

前　言

英国塔维斯托克诊所是一家在心理治疗师培训、临床心理健康工作以及研究和学术上取得了卓越成就的心理治疗中心，享誉世界。它成立于1920年，其发展历史本身就是一项具有开创性的工作。起初，塔维斯托克诊所的目标是希望其临床工作能够提供以研究为基础的治疗，以之进行心理健康问题的社会防治与处理，并且将新的技巧教给其他的专业人员。后来塔维斯托克诊所转向创伤治疗，以团体的方式了解意识和潜意识的历程，而且在发展心理学这个领域做出了重要贡献。它在围产期[1]的丧亲哀伤经验上所下的功夫，让医疗专业对死产经验有更进一步的了解，也发展出了新的支持方式去帮助丧亲哀伤的父母和家庭。20世纪五六十年代发展起来的心理治疗系统模式强调了亲子之间和家庭内的互动，现在已成为塔维斯托克诊所在家庭治疗的训练和

---

[1] 围产期，指的是围绕在新生儿出生前后的那段时间，包括产前、生产和产后，通常指怀孕第七个月到新生儿出生后第一周的这段时间。

研究中所采用的主要理论和治疗技巧。

　　本系列丛书在塔维斯托克诊所的历史中占有一席之地。它曾以完全不同的面貌出版过3次，分别是在20世纪60年代、20世纪90年代和2004年。每次出版，作者都会用他们在临床背景和专业训练中观察和经历过的故事来描绘"正常的发展"。当然，社会一直在改变，因此，本系列丛书也一直在修订，期望使不断成长的孩子和父母、照顾者以及广阔的外在世界之间的日常互动呈现出应有的意义。在变动的大环境之下，有些东西还是不变的，那就是以持续不断的热情，专注观察孩子在每个成长阶段的强烈感受和情绪。

　　本书第一部分将继续探索那已经以戏剧化的方式展开的错综复杂的人类心智发展过程。在阅读了本系列前两册的基础上，读者将更完整地理解本部分关于儿童发展过程的描述。我们现在可以很清楚地知道，发展不仅是向前的展望，也需要回顾与过往经历的联系。就某个层面而言，6—7岁的孩子仍然偶尔会退缩到年纪较小时的状态，但整体来说，就如同本部分所描述的，他们在态度、举止上的种种都在不断成熟。换牙的画面震撼人心，同时儿童精细动作的协调与平衡也正迅速发展，例如，获得绘画、书写方面的技巧，同时也在整体快速地持续累积知识。这样快节奏的变化有时必然会让人感到难以承受，本部分则事无巨细地探讨了由此造成的困扰与焦虑。在长大的过程中，我们看到孩子从幼儿园毕业，进入小学低年级，然而不可避免的骚动和混乱也会随之发生。

　　第二部分的内容着重在8—9岁的年纪，这一阶段通常被称为"潜伏期"。这时，孩子慢慢减少了对家庭的依赖，且对外界表现出了相当浓厚的兴趣。儿童在这个年纪开始发展是非对错的观念，所关心的公平性通常都是非黑即白的，且开始对环境保护或改变世界等议题展现出了热切的关注。他们也常常喜欢通过书籍或影片来探讨充满奥秘和幻想的世界。本部分作者比迪·尤埃尔（Biddy Youell）熟练地描述出8—9岁孩子的发展阶段，并为家长们和其他从事儿童相关工作的专业人士提供了许多适切且清楚的建议。

乔纳森·布拉德利（Jonathan Bradley）
儿童心理治疗师
"塔维斯托克诊所·了解你的孩子"系列总编

目 录

第一部分 似懂非懂的小大人：6—7岁的儿童 / 1

引言 ……………………………………………………………… 3

第一章 我要赶快长大 ………………………………………… 7
  发现语言的奥妙 ………………………………………… 9
  开始懂得抽象思考 ……………………………………… 11
  建立身心的平衡感 ……………………………………… 14
  了解是与非 ……………………………………………… 16
  能够分辨现实与想象 …………………………………… 17

第二章 家，关系练习场 ……………………………………… 21
  告别当小宝宝的时期 …………………………………… 23
  兄弟姐妹之间的竞争和欺凌 …………………………… 26
  女孩喜欢聊天逛街，男孩爱运动独处 ………………… 28
  开始有时间和死亡的概念 ……………………………… 29

	了解到父母不是超人	31
第三章	**学校生活大考验**	35
	第一天上小学	36
	对老师既崇拜又敬畏	38
	老师老师，请叫我回答问题	41
	把功课变得有趣	43
	如何帮助孩子们专注？	46
第四章	**我可以和你做朋友吗？**	51
	以社交为主题的团体讨论时间	53
	操场上的社交	56
	男孩跟男孩一起，女孩跟女孩一起	60
	玩什么呢？	64
	要和哪种人做朋友呢？	66
第五章	**怎么教孩子识字阅读？**	69
	阅读和自我认同及学习其他能力有什么关系？	71
	阅读学习策略	74
	利用影片协助阅读	75
	为什么孩子会有阅读困难？	78
第六章	**孩子在担心什么？**	83
	罪恶感	84
	"爸爸和妈妈还好吗？"	86
	"我会像谁一样？"	87

	对情欲的好奇	88
	厕所幽默与焦虑	90
	床底下的怪物	91
	"不公平!"	93
	家长的担忧	96
总结		101
	庆祝成长取得的成绩及迈向下一个阶段	101

第二部分　蓄势待发的酷家伙：8—9岁的儿童 / 107

引言		109
第一章	**家庭的转变**	113
	孩子为什么不再黏我了？	114
	如何与8—9岁的孩子互动？	117
	兄弟姐妹的相处模式	118
	祖孙三代三样情	125
	与其他亲戚的关系	131
	家庭破裂对孩子的影响	132
	如何适应生活上的改变？	135
	不同的家庭组合	139
	寄养家庭中的儿童照护	142
	想快快长大的孩子会遇到什么样的危险？	144

第二章　游戏是连接儿童内在和外在世界的桥梁 147
　　我不想被排挤 150
　　"你最喜欢上哪一堂课？""下课" 153
　　你在家玩什么游戏？ 155
　　"自己玩"隐喻的意义 156
　　需要限制孩子玩某些游戏吗？ 157
　　安静的孩子喜欢的游戏 160

第三章　8—9岁的儿童喜欢看什么样的书？ 165
　　孩子自己写的故事 168
　　孩子懂得幽默吗？ 171

第四章　小大人们的烦恼 175
　　我们家发生什么事了？ 176
　　对生命与死亡的担忧 177
　　孩子第一次单独在外过夜 181
　　准备好了吗？ 185

第五章　是好孩子，还是坏孩子 189
　　教室里的奖励方式 191
　　在家里的奖励与惩罚 193

第六章　学校生活点滴 197
　　孩子对赞美的反应 198
　　如何与特殊学生相处？ 201
　　培养孩子的才艺，不好吗？ 204

　　　　男孩女孩真的水火不容？ ················· 205

　　　　族群认同与文化冲击 ····················· 206

　　　　校园欺凌 ······························· 209

　　　　说脏话和言语性骚扰 ····················· 211

第七章　流行文化、商品的特定消费族群 ········· 215

　　　　追求品牌及流行事物 ····················· 216

　　　　数字科技带来的改变 ····················· 218

　　　　正视儿童的肥胖问题 ····················· 220

总结 ··· 223

　　　　装大人的时期要结束了 ··················· 223

参考文献 ····································· 225

第一部分
似懂非懂的小大人
6—7岁的儿童

科琳娜·阿维斯（Corinne Aves）

引　言

"敲敲门、敲敲门。"

"门外是谁？"

"是雪莉……"

"谁是雪莉……？"

"你现在不就知道我是雪莉了吗？"

没有任何其他描述比"敲敲门"这个笑话更能生动地描绘6—7岁孩子的幽默感了。其笑点在于，不一致让熟悉的人看似不熟悉了。在这个笑话中，门里的那个人并不认识任何"雪莉"，但门外的根本不是什么雪莉……而是他已经认识了很久的一个人，在此时只是换了一个名字。

在这个年纪，世界看起来充满许多新奇的可能性，孩子就像站在通往这个花花世界的门口。他们在学校的发展越来越稳定，一面学习，一面纯熟地运用许多新的技巧。孩子在生命中的许多方面都更有独立性了,但是在面对生活中的一些常见压力时,还是需要家人的大力支持。或许对他们而言,现阶段最重要的课题是找到可以舍弃孩子气的方法,进一步探索在童年中期会遭遇的惊奇挑战。

孩子天生的求知精神和想象力会让学校中的许多正式活动都更加丰富多彩。在平凡一天当中,各种经历对儿童而言常是丰富且充满意义的,但仍会因不同孩子的不同性格而塑造出不同的样貌。对家长来说,既要与孩子的生活保有适当的连接与掌控,同时还要允许孩子有足够的空间以便发展与他人的新关系,是相当具有挑战性的。如果父母能够停下来,重新审视一下孩子,就如同在情绪面上站得远一点,然后再一次审视孩子的发展过程,就比较容易想象在孩子眼中的世界是什么样子了。每一个家长都曾经是小孩,因此家长自己在六七岁时的记忆其实是了解这个阶段的孩子的最有价值的参考资源。另一方面,孩子和父母是不同的个体,他们的人格特质不仅是独一无二的,也会受到现今科技和媒体的影响。在21世纪,儿童只要安坐家中,就可以知晓天下事,这可是上一代人无法想象的。

在孩子发展和成长的过程中,在情绪上,不论是家长还是儿童,都会有复杂的感受,因而需要有所调整。这便是本部分要讨论的主要议题。从家长的角度出发,能够协助孩子发展新的技巧与能力(例如,阅读或算数),可以为父母带来无比的满足感。在此阶段,孩子的思考模式会较为复杂,对于时间和空间的掌控能力也较好。生理上的技巧和协调性快速进步，他们可以更加好好地照顾自己，有能力自行完成更多的工作，如穿衣、洗澡以及慢慢发展新的关系和友谊；而这些事情的重要程度也在逐渐提升。此时的家长能够拥有更多的自由了，可以去做想做的事情。通常，父母会因为孩子的这些成长而感到骄傲，也会因为孩子不再像以前那样依赖自己和需要自己了，而觉得有点难过。从儿童的角度来说，在现在这个时刻，有必要将对家庭关系的热衷暂时放在一旁。孩子现在要面临的挑战是：如何将过去的经验先收藏起来。过去的经验可以被比喻为从家中带来的一个午餐盒，只是这个餐盒提供的是内在的支持，让他们在面对学校的学习、与他人建立关系和试着适应更宽广的世界等各种困难时，还能够继续前行。

就孩子在发展上的飞快速度而言，很难相信这就是才刚刚开始上小学的那个小孩。一个妈妈曾经用"过了6岁后就是16岁了"来形容自己的女儿，她甚至开始想象女儿是一个小大人，是一个稚嫩的青少年了。所以对于家长来说，提醒自己6岁其实只走完了成年之前1/3的旅程，是挺有用的一个方式。在本部分讨论的另一个的主题是，孩子在这一阶段的紧张感——觉得自己已经不是小孩了，但又还没有成为成熟的大人的感觉：一个6岁的孩子可以概括地形容成"小大人"。我们要时时记得，6岁孩子的能力其实是像纸一样的薄弱，随时都有可能被生活中常见的压力或挫折刺破。

从过完6岁生日直到8岁生日的这段时间，孩子会逐渐放弃更相信魔法的思考方式，转而用较重理性和逻辑性的方式来看待世界。他们开始了解：成功并不是光靠魔法就可以达成的，而是需要付出许多努力的；这一方面可以让人享受其所带来的乐趣，另一方面指明了失败的压力和恐惧也会伴随而来。孩子们会通过语言、游戏和角色扮演来描绘和展现自身的经验，且利用这项日渐增长的能力和想象力，来调整前面所提到的现实生活和成就在此阶段对他们的吸引力。若老师能够摸透这个年纪的孩子的特性，便可以通过创新的课堂活动引导出他们较为成熟的一面，以调和自我较为幼稚的那一面。很多受过训练的小学老师都觉得教导6—7岁的学生特别有成就感，因为这群孩子在学习不同的技巧与知识时，展现出了相当丰富的想象力和热情。

这部分的主要目的在于描绘6—7岁儿童所经历的许多方面，探讨这个年纪的儿童会拥有哪些典型的冲突，而这些冲突部分是与家长有关的。当然，有些会与5岁甚至8岁以上的儿童的经历有所雷同，毕竟每个孩子都是独立的个体，成长发展的速度也不尽相同。基本上，我们所讨论的是在童年中期的开端，这一时期有时也被认为是"潜伏期"。若孩子能够在家中得到足够的支持，这时的发展、学习和统合便会相当稳定。

为了进行清楚地描述，本部分中的老师或家长通常以女性为代表，但描述的内容并不局限于单一性别，也包括父亲、主要照顾者以及男女教师。

第一章
我要赶快长大

在本章当中，我们要了解6—7岁的孩子如何发展出新的方式来与世界建立关系。

当他们看待事物的观点发生了改变时，他们学习、理解和表达自身经验的能力也会随之进步。

在这个阶段，他们本身的某些能力也在逐渐发展成熟，例如，发现语言的奥妙、开始懂得抽象思考、获得身心的平衡、了解是非对错，以及能够分辨现实与想象。

其中，学骑自行车的案例充分展现了6—7岁儿童的典型特征，唯有他们心理准备好勇往直前，且对身体肌肉也能运用自如时，才有可能学会骑自行车。

当你6—7岁的时候，试着理解自己是谁是一件相当重要且一直在进行的工作。虽然相较于容易观察到的外在变化，内在的变化显得较不明显。但事实上，生理和心理的改变是携手同进的。

在本章当中，我们要了解6—7岁的孩子是如何发展出新的方式来与世界建立关系的。他们看待事物的观点改变了，他们学习、理解和表达自身经验的能力也会随之进步。

在6岁生日和8岁生日之间，儿童有很大幅度的发展。从原本摇摇晃晃、令人忍不住想要抱抱的小宝宝模样，逐渐变得更加结实健壮。从门牙开始，乳牙逐渐掉落，但要用一辈子的恒齿还没有完全长好。在心理层面上，由乳牙所代表的婴幼儿期已在身后，但成年期尚在远方。在这两个阶段之间，还有许多的学习需要完成。孩子们正在发展协调与平衡，需要精细的动作技巧（如书写和绘画），并用惊人的速度累积知识和信息，吸收多方面经验，包括社会化和智力上的经验。这些都有可能带来压力和负担，此时，便需要较敏感的大人提供支持。

孩子们会与其他人比较，即使我们很希望说服他们不要这样做。竞争与对抗都是人类的天性，而且这个年龄层的孩子很努力地想要与他人一样。有些孩子会希望在某件事情上成为顶尖高手，而这也会伴随对"做不到最好"的担忧，或是害怕失败而不愿意冒险。相较于学步期的那种"我会做这个"的过度自信,在这个时期则要慢慢习惯在人生路上下定决心并学会一分耕耘一分收获的道理。这个阶段的孩子需要许多富有同理心的鼓励,来协助他们在面对困难时仍能不屈不挠。

发现语言的奥妙

掌握讨论事情的能力与利用对话来表达想法和意见都是了不起的成就。语言是了解他人和让他人了解自己的工具。若孩子知道一直以来都有人愿意倾听、关心和理解自己,他们就会询问各种有趣的问题,清楚地利用口语表达新奇的意见。一旦开始享受语言的奥妙,他们所说出的话语就常常会传达远超过字面的意思。

亨利是一个害羞且严肃的6岁男孩,在长假结束后,他尚未收心,也无法适应学校中的例行作息。他正开始适应自己身为"大婴儿"的新状态,且要应付新教室和新老师。下课后,亨利感到非常疲倦,话也说得很少,但是在放学回家后的点心时间,他会主动告诉父母关于学校建筑物的新知识。"你知道吗?"亨利跟爸妈说:"我在集合教室时,并不知道资源教室在哪里……我甚至不知道我们学校有二楼!"亨利对于自己进入一个大世界的认知,可从这简单的描述中一窥究竟,他的爸妈觉得亨利不只在学校里找到了新资源，也在自己身上有着同样的发现。

亨利的典型倾向是他在其他场合中会迫不及待地不停问着让父母感觉抓狂的问题，例如，"我真的就是不懂！人类到底是从哪里来的？"家长不知道他问的到底是一个关于地理的问题、生物的问题，还是关于人际关系的问题。有一次，亨利问："直升机到底是怎样停留在空中的？"父亲试着以详细的解释来回答，但发现亨利的注意力很快就转移到其他事物上了。或许，对亨利来说，他只是在和大家分享自己对于世界的好奇疑问，而非真的想要了解其中的科学原理。

> **贴心小叮咛**
>
> 父母愿意倾听孩子说话时，孩子会问出各种有趣的问题。爸妈不用担心被考倒，其实他们并不是真的想知道正确答案，只是想和大家分享自己对于世界的好奇疑问而已。

6—7岁的孩子开始发现语言可以传达复杂的想法。他们可以使用隐喻，或是直接传达字面上的意思，让交朋友、分享笑话或做想象游戏都变得容易了许多。当然，在负面情绪的主导下，语言也可能被恣意操控或作为伤害他人的工具。这个年纪的孩子会发现某些用来咒骂他人的用语，且将这些视为危险、刺激和绝对禁止的。他们知道自己不应该说出这些词句，可是他们会想要挑衅和测试大人们的反应。

开始懂得抽象思考

大约7岁左右,孩子的思考方式在发展上会有显著的变化。他们可以进行一些抽象思考了,理解力越来越强了:比如,理解"3"不仅可以用来代表三件事情,还会有其他许多跟"3"有关的想法,可以在心中把玩这个数字,和其他数字一起加加减减。大人们把这个过程称为"心算",但很少会停下来思考这种运算过程有多么复杂精细。

这个年纪的孩子也开始建立数字"位值"的概念了,他们现在必须记住3实际上也可以是30或300,完全要看3这个数字是放在"个位""十位"还是"百位"上。通常,若是能将抽象的想法与已熟知的事物联系起来时,事情就会容易许多。当莎芭和妈妈一起算算术时,她告诉妈妈:"个位数就是……没有很多,像你留在家里的时间。"对莎芭而言,"个位数"让她联想到在家里,自己只是两个小孩中的一个,而"十位数"与"百位数"则让她想起在学校的时候。莎芭的思考方式显示出儿童是如何将抽象概念与自身心中已经存在的经验相联系的,也就是如何将抽象概念具体化。当孩子可以感受到他们最喜爱和最关心的人想着自己、愿意倾听自己的时候,就会加速学习。也因此,和家庭有关的担心或忧虑都可能会耽误孩子的学习。

孩子对于世界的理解是通过大量练习而形成的，衡量许多事物的练习能帮助他们开始建立自己对于空间和时间的概念。对高度和长度的衡量相对简单；但直到约7岁的时候，孩子们才能够开始理解体积和容积等概念，因为需要同时考虑两个因素。换句话说，就是需要立体思维。孩子在这个阶段较能够理解即使将液体从一个容器倒入另外一个形状不一样的容器中，液体的体积也不会改变。相同地，若有两个大小一样的彩色黏土所做成的球，孩子们也知道了，如果把其中一个擀成像香肠一样的长条形，也不会改变黏土的重量。年纪较小的孩子可能会专注于一个维度，例如，容器内液体的高度，或是像香肠一样的长条形黏土的长度；但是年纪较大的儿童会知道，要是没有添加或减少任何材料，整体的体积是维持不变的。若儿童觉得能够安全地在游戏的过程中进行这样的实验或尝试，思维的发展就会在适当的时候发生。就情感层面而言，安全感源于当孩子尝试适应家庭、朋友和课堂等不同的社交环境时，仍可以感受到关心他们的大人会在心中用一种有弹性的方式来记住自己和想着自己。虽然处在不同的情境之下，孩子们承受着不同的期待，但他们可以感受到即使切换于不同的环境之间，自己仍拥有较为一致的自我认同。

贴心小叮咛

孩子对于世界的理解是通过许多"练习"形成的，衡量各种事物的练习可以帮助他们建立关于空间和时间的概念。

对社交互动的理解或同理他人，在6—7岁孩子的思维和学习能力中扮演着相当重要的角色。当他们为了了解其他人而运用想象力来设身处地为他人着想的时候，便也是在以一种有意义的方式拓宽自己的视野。同理心是结交朋友和维持友谊的要素之一，因为这是了解他人生命和文化的一种方式，这也意味着去了解他人同样身为人类的感受。但绝大多数6—7岁的孩子只在一天当中的某些时刻是具有同理心的灵活的思考者。当他们觉得疲倦时，若还要求孩子从自身以外的角度来思考事物，他们就会表现得较为烦躁、执拗。戴维·麦基（David McKee）所著的《两只怪兽》（*Two Monsters*）这本有趣的小书便探讨了这个主题。书中描述了两只怪兽分别住在山的两边，这座山是导致他们无法四目相对的障碍，直到他们因为琐事吵了起来，拿着石头互丢，把阻隔他们的山头夷为平地。最后，这两只怪兽才发现，原来自己和对方的共同点远多于过去对彼此的了解。

这个年纪的儿童的确开始了解到人们对同一件事也可以有不同的看法。在一个用来了解在这方面发展的测验当中（巧合的是这个测验里也有一座山），心理治疗师让7岁的威廉面对一个立体的模型。这个模型就像一座山，山的另外一边放置了一个玩偶，面对着威廉；治疗师要求威廉描述放在山头另一边的玩偶看到的景象。威廉觉得这是一个有难度的任务，直到他发现最好的办法就是把模型转过来，让玩偶和自己处在同一边，这样玩偶看到的情景就跟自己所看到的一样了。威廉在这个测验里所采用的解决方案便是儿童了解新事物时会用到的典型方式。在了解新事物时，我们都会将其和已知且熟悉的事物相联系，这样一来，在面对新的状况时，过往经验便会影响我们对新事物的期待。因此可以理解，孩子与老师的互动方式来自他们过去经验当中最了解的大人，也就是父母；而与同学的相处模式一开始是根据以往在家里被验证可行的关系，比如，有兄弟姐妹的孩子便会把同学们视为兄弟姐妹。

建立身心的平衡感

孩子们需要拥有生理和情绪上的平衡感，才能学会骑自行车，这个过程也可作为例子说明孩子在学着独立的过程中会遇到各种困难需要去平衡的议题。学会骑两轮自行车是一个重要的成长仪式，只有精通这项技巧的孩子，才能够和其他年纪较大的孩子们共处而不会觉得羞愧。从另一方面来说，当驱使孩子离开父母的轨道的推进力加速时，家长们往往会觉得自己有点像遭到丢弃的自行车辅助轮。为了能够骑好自行车，孩子们需要学会许多不同的技巧：要知道自行车的工作方式，以及要如何协调自己的身体和心理。在心理层面，孩子要能够容忍挫折失败和困难，以及最重要的——接受大人们的帮助。而最为重要的是，孩子需要放弃一个想法，那就是认为所有的技巧只靠简单地衷心期盼就可以神奇地获得，这样的改变会在他们心中激起复杂的情绪感受。

杰玛一直看着8岁的哥哥和他的朋友们骑自行车，她认为这件事情相当容易。杰玛的妈妈曾经带她到公园拿掉辅助轮，练习骑自行车，但是杰玛不喜欢当自己起步的时候，妈妈在后面帮忙扶着自行车。可以想象，杰玛发现，既要踩踏板和掌控车把手，还要保持平衡，是非常困难的。她有点摇晃，还跌倒了好几次，但她似乎认为是妈妈害自己无法保持平衡的，因为妈妈没有用正确的方式帮她。妈妈觉得自己仅是在扶着车尾帮女儿而已，但杰玛认为妈妈是在阻挡自己。杰玛对于母亲的怒气似乎是由酸痛的膝盖和手肘所引发的，她不愿意接受安抚，反而选择将受伤的感受发泄在妈妈身上。妈妈看得出杰玛正在受苦，于是只好忍受被认为没帮上忙的批评。

经过一番讨价还价、努力不懈和多次到公园进行练习，杰玛终于能够自己掌控自行车了。像许多孩子一样，杰玛需要一两周冷静一下，才能从无法马上学会骑自行车的羞愧经验中恢复。一旦能够掌控骑自行车的技巧，杰玛就变得更有自信了，她喜欢骑车时自由的感觉和速度带来的愉悦感。伴随着成长，杰玛对于母亲的怒气很快消失了，这微妙

> **贴心小叮咛**
>
> 在孩子学习一项新技能时，必须要做好心理准备，要能够忍受挫折失败和困难，更重要的一点是要能够适时地接受大人们的帮助。

地改变了母女之间的关系。全家四个人一起骑自行车旅行成了有趣的周末活动。然而,冲突尚未完全消失,因为杰玛决心要成为骑在最前面的那一个人,尤其是要在每一次比赛中都赢过哥哥。

了解是与非

基本上,孩子们现在已经知道什么时候自己是在假装,什么时候没在装,且在这个过程当中发展了良好的现实感。在这个年纪,他们较能够说出实话,能够分辨事实与谎言的差异。当一个5岁孩子觉得谎话是一种"调皮"时,他的哥哥已经知道谎言就是"没有说出真话"。这是一项重要的差异,表示较为成熟的孩子认为说谎是一种选择,也表示孩子们知道可以通过观察证据来找出事实真相,而不同的感受也是寻求真相的方法与证据。

> **贴心小叮咛**
>
> 当5岁的弟弟觉得谎话是一种"调皮"时,6岁的哥哥已经知道谎言就是"没有说出真话",这表示成熟的孩子认为说谎是一种选择。

对儿童而言,在这个年纪分辨是非是相当重要的。他们会通过不同的方式来练习如何厘清对错,包括在和其他人一起玩游戏或是自己玩玩偶时有所了解,以及通过自己喜欢的故事或影片来了解。有关道德问题的了解是人际合作的基础,这个年龄的孩子会希望融入团体,或是被其他人所接受。但是这个过程相当复杂,还混杂了众所皆知的爱与恨的情绪。每个人都难免有生气、觉得受伤和粗鲁的冲动情绪。身为大人,我们通常知道这些情绪本身是不会伤害到其他人的。但是对孩子而言,当事情不顺利的时候,他们会责怪自己。这个逻辑就好像:我有不舒服的感觉,所以我是坏小孩,而且我会让不好的事情发生。要是此时真的发生了如父母离异或是兄弟姐妹生病的情况,6—7岁的孩子会怀疑到底是谁造成了这些不幸的事情,而且倾向于责怪自己。

能够分辨现实与想象

在这个年纪,孩子很容易穿梭于理性与想象的世界之中,他们对于自己的身份认同仍然相当模糊。有些儿童热衷于事实、数字、规则和信息,有些儿童在气质上倾向于具有创造力、有各种想法和懂得假装。基本上,这两种主要的类型在不同的时间点上可见于同一个6岁孩子。举例来说,亨利一会儿充满好奇心,一会儿又可以专心思考。有一天早上,亨利正在检查别在一包背心上的商标,有点嘲笑地说道:"这是什么?两件没有袖子[1]的背

---

[1] 背心的确是无袖(sleeveless)的短上衣。但在这里,亨利调侃"无袖"就是没有留出袖口以供伸出手臂的意思。——译者注

心？嗯，要怎样才能穿上去呢？"亨利过于强调字面上的意思，且相信妈妈帮他买了几件没有袖口以把手臂伸出去的背心。这样的误解可能源于亨利想要像爸爸一样，亨利的爸爸总是以社会批判的角度看事情。

过于强调字面上的意思倒也不是太糟糕，不过若是孩子太沉溺于自己的世界，家长可能会有点担心。卡萝·迪格瑞·雪德（Carol Diggory Shields）著有一本给6岁儿童看的有趣的故事书，书名为《我真的是一位公主》（*I Am Really a Princess*）。这本书描述了一个坚称自己是一位公主的小女孩。她坚称自己不应该整理房间，也不需要礼让还是婴儿的弟弟。在故事当中，这位主人公的父母最大限度地容忍了她的幻想，就像许多家长一样，他们采用了暂时不怀疑的态度。但是到了孩子6岁或7岁的时候，大人就会期望孩子能做出较多符合现实的行为。另一方面，一定的有创意的假装行为会为儿童的个性增添魅力，让其他人喜欢和他们做朋友，而家长通常也乐于赞同并且配合孩子们想象中的魔法。一个小孩的生活是无法完全脱离想象和童话故事的，因为那是他们用来表达希望、梦想、恐惧和失望的方法。

> **贴心小叮咛**
>
> 小孩的生活是无法完全脱离想象和童话故事的，因为那是他们用来表达希望、梦想、恐惧和失望的方法。

圣诞老人和牙仙子的故事既受孩子的喜爱，又受大人的青睐。可能是因为这些童话人物证明了完美家长的存在,是能为孩子无怨无悔地付出、不求回报的理想双亲。在现实生活中,即便我们觉得有不舍,家长仍须为孩子的最大利益而设下一些限制、规定和界限。到了现在这个年纪,孩子大概已经知道牙仙子实际上是不存在的,但要是父母愿意假装,孩子仍会因为觉得好玩而配合相信。

莎芭6岁的时候,她自信满满地告诉妹妹,她终于知道牙仙子拿收集来的牙齿做了什么。莎芭解释说,如果牙仙子收到一颗黄色的牙齿,她就会丢掉,而且牙齿的主人不会因此而得到任何奖励,但是如果收集到了一颗干净的好牙齿,牙仙子就会用它来建造自己的城堡,还会付给牙齿的主人一英镑。看来,当莎芭在枕头底下发现一英镑钞票时(表面上是牙仙子给的),她认为那是在鼓励她认真当一个乖小孩,因为她好好地照顾了自己的牙齿,所以得到了奖励。那颗牙齿代表着莎芭自己"不再需要"的一部分,但是这个部分可以被当作未来发展的资源或基石。一年之后,莎芭7岁半了,变得更实事求是了,她坚持要爸妈告诉她关于牙仙子的实话,她甚至告诉父母,她的朋友说一颗保持良好的臼齿现在已经涨到二英镑了。

第二章
家，关系练习场

对孩子而言，家庭仍然是生命的核心。家庭生活提供了归属感、恒久性和接纳感，这些使得他们能够鼓起勇气去面对外面世界的挑战。

兄弟姐妹之间的竞争和合作为他们提供了练习经营社交生活中的人际关系的机会。

此时，儿童对于时间和死亡有了更清楚的认识和了解，知道人死不能复生，即使是父母也无能为力，关于父母无所不能的印象完全幻灭。

不过，通过观察父母跟他人的互动，孩子也在慢慢塑造自己与他人沟通的模式和技巧。

在6—7岁的时候,对孩子而言,家庭仍然是他们的中心。家庭生活提供了归属感、恒久性和接纳感,这些使他们能够鼓起勇气去面对外面世界的挑战。在这个复杂多变的社会中,一般家庭的定义所涵盖的范围相当广泛,虽然绝大多数和孩子同住的家人包括母亲、父亲和一两位兄弟姐妹,但也有许多父母并不住在一起。很多孩子是在单亲家庭、继亲家庭或三代同堂的扩展家庭中长大的。双亲也可能是由相同性别的成人组成的;或在教养儿童的安排上,祖父母也许扮演着相当重要的角色。每一种家庭都有其优缺点,我们需要知道家庭有许多不同的组成方式。

很多西方学校对于其文化的多元性感到自豪,在这一代或是早几代就从世界各地移民而来的家庭,替他们的新国家的文化注入了更为丰富的多样性。信仰团体和宗教团体可能会影响一个家庭如何定位自己。这种非常特殊的状况对于6—7岁孩子形成家庭的概念是有帮助的。而从另一方面来看,既然孩子已经开始在学校里接受教育了,家庭的价值观就不再是影响他们生命的唯一因素了,有一句古老的阿拉伯谚语是这样说的:"人像他的时代,甚于像他的父亲",这跟现在6—7岁的孩子很有关系。他们可能开始发现,虽然大家来自不同的地方,但都是拥有共同兴趣的6—7岁孩子所组成的群体的一分子。不论家庭背景如何,他们都会注意自己所关心的人是如何和其他人建立关系的,也会学到对自己有用的方法。

告别当小宝宝的时期

"小大人"们已经开始放弃从小就喜欢的和父母之间的某些亲密感了，开始偏好外部世界的友谊和活动。儿童对于和家长分离的容忍度不一。有的孩子想到可以拥有更多的独立性，而表现得非常勇敢。但大致来说，比较真实的状况是，他们通常是一会儿自信满满，一会儿又胆小害怕。这是因为孩子只有具备了应对失去的能力，才有可能独立。儿童已经在之前的关系当中练习过如何面对失去了。为了尝试固体食物，他们必须放弃当妈妈怀里的小宝宝。对于之后会遇到的类似抛弃的经验而言，断奶的过程便是此类经验的一种原型。之后，他们进入托儿所或幼儿园，这意味着放弃当一个只待在家里的孩子。到了6—7岁，他们开始适应学校，并接受自己是一群儿童中的一个。所有这些转换，甚至还有其他的变化，例如，搬到新小区，都会让孩子感到不安，需要时间来适应。

> **贴心小叮咛**
>
> 孩子只有具备了应对失去的能力，才有可能独立。

转换的经验包括了对新事物的新奇感和刺激感等正面感觉，这样的感觉会被不得不放弃及失去所带来的沉痛和伤心所冲淡。我们常常看到一个孩子必须放弃当小宝宝，因为他需要把位置让给另一个婴儿，而这会引起复杂的感受，包括嫉妒、比较和竞争。最可能引发这类情绪的就是弟弟妹妹。哥哥姐姐们会觉得妈妈被偷走了。事实上，就算没有出现任何新生儿，家长仅是忙于其他事务，也会让孩子觉得原本属于自己的东西被拿走了。

娜汀是爸妈的独生女，一直拥有爸妈的所有关注，因此当他们一家三口和另一个家里有一个4个月大的婴儿的家庭一起度假时，娜汀相当震惊。娜汀发现，两家人（尤其是用餐时）的一些安排让她备感压力。在家里，当娜汀坐下来和爸妈以及同父异母的已经是青少年的姐姐吃晚餐时，她总是大家注意的焦点。因此，对娜汀而言，要和另外一个家庭分享父母的关注让她感到非常的生气。爸爸不停地和另一位父亲聊着娜汀听不懂的大人的事情，这已经让娜汀觉得很不舒服了。更糟糕的是，妈妈不让她从冰箱里拿酸奶吃，因为那是给两家人准备的。在娜汀看来，另外一个家庭的婴儿爱丽亚却可以获得她想要的所有东西。她总是在某一位家长的怀抱中，而且一直（或似乎是）可以获得食物。大人们对于这个小婴儿的一些小动作也都反应热烈。这些足以让6岁的孩子心情大不好。

娜汀于是不肯吃晚餐，不停打断大人们的谈话，并吵着要吃酸奶。她用一种令人讨厌的方式摇晃着椅子，不停地用刀叉敲打盘子。最后，一直态度温和地催促娜汀吃饭的妈妈对她说道："娜汀,你已经6岁了,怎么还像一个小宝宝!"娜汀被激怒了,生气愤怒地喊叫着:"我不是小宝宝!"大人只好把她带离餐厅,让她到其他地方冷静一下。在屋外的走廊上,娜汀继续像一个学步期的幼儿一样发着脾气。"可是,我不是小宝宝,我不是!"慢慢地,她抱怨的声音语调开始变了,妈妈察觉到了娜汀的哀伤口气。"可是我不是小宝宝。"眼泪从她的脸上滑落,直到此时,妈妈才明白是怎么一回事。她给了娜汀一个拥抱,而娜汀在这个时候才能够接受安抚。这个拥抱说明了长大和离开婴儿期是多么痛苦的一件事情。

在这个例子中,娜汀面临着作为6岁孩子的新身份所带来的典型困扰。她还没有长大成人,无法参与大人之间的对话,也不能从冰箱里拿食物出来,因为这些都是成人的专利。但娜汀也发现,自己再也不能扮演小宝宝的角色了。大家对她有其他的期望——一个"懂事"的6岁孩子。通常,娜汀是可以应付的,但是在这个场合当中,她被自己无所适从的感觉压垮了。妈妈这时给她的拥抱胜过任何言语,并传达出了虽然娜汀有些地方仍像个小宝宝,但这是没有关系的。"孩子在展现自我能力的同时仍有依赖他人的一面与需求。"父母若能在心中记住这一点,对于了解孩子是很有帮助的。

就如同娜汀妈妈发现的,在这种情况下,大人也会有复杂的感受。孩子能够很独立,可以清楚地用语言进行表达,对父母来说是很骄傲的一件事。但儿童的发展很少如此顺利。要知道,父母仍然在很多地方是被孩子所需要的，又要愿意放手让孩子去探索一点点属于他们生命中的可能性。在这两者之间取得平衡，是相当困难的一件事情。

兄弟姐妹之间的竞争和欺凌

所有的儿童都能了解在什么时候需要和他人一同分享父母的关注。而在这个年纪，这样的状况通常会在兄弟姐妹之间上演。平心而言，竞争和敌对的感受都是健康的资本，是决心迈向成功的一部分；也是在面对挫折时做到坚韧不拔的要素。以前一章所提到的杰玛的例子来说，在学骑自行车的时候，她认为如果哥哥可以做到，她也可以，甚至可能骑得比哥哥还好。

6—7岁的孩子如果身为家中的老大，便会不时地利用自己的地位来放大自己的优越感，但若是太过于习惯欺凌弟弟妹妹，让家长知道，是没有好处的。事实上，如果一个孩子时常嘲笑婴儿或是年纪较小的儿童，通常可能是因为害怕自己缺乏经验或是对事情欠缺理解，且担忧这些缺点也会被其他人嘲弄。因此，当一个孩子持续不断地羞辱年纪较小的小朋友时，有可能是想要摆脱自身的不安全感。他们可能在某种程度上觉得自己的依赖是可耻的。家长可以帮助孩子了解，花很长时间才能学会一件事是正常的，而且在这过程当中有挣扎挫折一点也不丢脸。会嘲笑他人的孩子常常害怕暴露自己其实需要帮助的事实,因为他们并不期待得到仁慈的对待,也不期待有人可以理解他们的需要。基于这样的理由,即使家长通常都会站在年纪较小的孩子的这一边,或是袒护较为柔弱的一方,我们也都应该记得,嘲弄他人的孩子是需要支持和理解的。对于伤害他人的孩子,我们应该试着帮助他们站在他人的角度思考。长远来看,这远比惩罚更有帮助。

> **贴心小叮咛**
>
> 会嘲笑、伤害他人的孩子背后隐藏着"需要帮助"的事实。因此在袒护较弱的一方时,别忘了嘲弄他人的孩子也是需要支持、理解和帮助的。

兄弟姐妹之间的关系通常就像狂风暴雨,学会协商谈判和控制强烈的情绪会让我们更为充实。由珍妮弗·诺威(Jennifer Northway)所著的《劳拉走开啦!》(*Get Lost, Laura*)描述了一个姐姐希望能够摆脱讨人厌的妹妹。然而当劳拉真的走丢了时,姐姐却试着补救。弗朗西斯卡·赛门(FrancescaSimon)在"调皮的亨利(Horrid Henry)"系列中探讨了较不和谐的兄弟姐妹关系。可以自己阅读的7岁孩子相当喜欢这一系列故事书,他们喜欢站在一个安全的距离上探索自己顽皮捣蛋的冲动,且嘲笑亨利滑稽的举动。

在现实生活中,兄弟姐妹之间的妒忌和敌对常常是不加任何修饰的,而且会让希望维持公正和平的父母因此感到难过。兄弟姐妹之间通常会有针锋相对的意见，甚至是更多不同的看法，要成功平息他们之间的争执，可能是相当累人且辛苦的。通常，这个年纪的孩子对于公平竞争有着夸张的想法，然而在生气的时候，对事物的看法又相当有局限性。尽管如此，大人们的坚持与一贯的做法终究可以将事情导入既定的轨道。我们需要了解家庭是一个练习建立关系和处理强烈感受的实验场，在家中辛苦练习的结果会延续到学校环境当中，且在结交朋友和延续友谊这一重要任务上有所帮助。

女孩喜欢聊天逛街，男孩爱运动独处

到目前为止，婴儿期的依赖愈发明显地消失了，孩子可以运用的能力和语言理解能力大步向前发展，伴随而来的还有许多显著的变化。6—7岁的孩子寻找着能够和父母更加友善和平地相处的机会，通常会产生明显的性别差异。小女孩们会不停地讨论妈妈们的所作所为，而且乐于和母亲做伴，例如，花很多时间聊天和一起购物，这会让女孩们觉得自己已经长大了。这个年纪的男孩子们则偏爱和父亲一同活动，且对于可以展现男性认同的事物表现出了极大的兴趣。可以和爸爸独处对男孩们来说是莫大的奖励，他们可以利用这个机会学习自己所钦羡的男性特质。母亲们可能要偶尔忍受一下位居第二的感受。如果父亲热爱运动，此时便是儿子们加入球队学习基本技巧的年纪。足球在男孩之中是非常受欢迎的,当爸爸能够在赛场边为其加油助威时,孩子们更会展现出无比的热情。相对而言,女孩们可能会加入舞蹈班、戏剧社或一些父母或朋友会参加的活动。参与任何父母表示支持或赞同的活动是相当普遍的现象,当爸妈对孩子投入的活动感兴趣时,孩子们会从中获益许多。但重要的是,家长需要留意比例原则,不要鼓励孩子过了头,且应允许他们在性向上有多样性的发展。在任何团体当中,总是会有一些女孩对运动相当热衷,有一些男孩则偏好较为静态的活动。孩子们在这个年纪时的兴趣总是多变的,倘若感受到压力过大,他们就会裹足不前。有时候,孩子在周末放假时只想休息,并不想参加任何正式的周末活动。

> **贴心小叮咛**
>
> 虽然大部分孩子都能符合社会对性别认同的期待,但少数孩子会不符合社会认同,此时请尊重并接纳孩子的不同,并容许他们在个性上有多样性的发展。

开始有时间和死亡的概念

家庭团体都有一个共同点,在这个团体之中包括了不同世代的亲人。这个年纪的孩子对于时间的流逝以及它所带来的改变，会相当有兴趣。在马丁·维德尔（Martin Waddell）和潘妮·戴尔（Penny Dale）的一本有着可爱漂亮的插画的故事书《从前，有巨人》（Once There Were Giants）中，作者探讨了孩子对于某些事实的兴趣，这些事实包括知道爸妈也曾是一个小孩，而孩子自己最后也会长大，变成大人。这个年纪的孩子开始学习看时钟了，并且着迷于了解时间的意义。

> **贴心小叮咛**
>
> 这个年纪的孩子开始学习看时钟了，并且着迷于了解时间的意义。

罗谢尔在学校上过一门名为"世界名人"的课程，她跟爸妈说了许多关于玛丽·斯考尔（Mary Seacole）的事迹，这位护士在克里米亚战争中拯救了许多战士。罗谢尔回想起"很久以前"的事情，她问起妈妈为什么喜欢听老歌。母亲回答她说，那是因为那些音乐让她想起了自己小时候。罗谢尔沉默了一阵后问妈妈，若是自己长大变老了，是否也会喜欢听这一类型的音乐。然而，罗谢尔又想了一下，她决定："不！我仍然会喜欢珍妮弗·洛佩兹和碧昂丝，因为那时候她们也是老式的了。"

儿童们渐渐开始对家族历史产生了概念，且想要了解祖父母，以便知道年纪大了以后和在人生当中会发生的更多事情。孩子必然会对死亡产生很多的问题，且开始知道这是无法挽回的。有些人在经历这个过程时会受到惊吓，不再像以前一样了，觉得没有任何事物是恒久不变和确定的了。

劳伦是一个7岁的敏感的小女孩，当家中最老的猫咪去世时，她非常难过。然而她的悲伤中掺杂了气愤，她告诉妈妈："如果让我知道是谁发明了'死亡'这个词，我会杀死他。"可怜的劳伦希望可以找到一个方式不要知道有死亡这一回事。不过，她的家人帮助她领会了仪式和哀悼的价值。她的家人决定将这只受到家人喜爱的宠物埋葬于后院里，且举办了一个小小的隆重的仪式，参加的人包括劳伦的哥哥和一位来访的姨妈。劳伦认为，大家应该一起唱一首歌，但她想不到任何一首跟猫咪有关的歌曲，于是就自己写了一首。因所爱的人给予的可贵支持，劳伦学会了面对自己的失去。一周后，劳伦的思绪便转向希望再养一只新猫咪了。

我们可以在劳伦和罗谢尔的例子中看到，她们两个都对时间有深入的思考，并用在这个年纪会使用的独特方式来面对和处理各自经历的困境。

了解到父母不是超人

在劳伦年纪还小的时候，她相信爸妈有能力克服所有的困难，也从他们那儿获得了安全感。若是她的膝盖擦破皮了，妈妈会给她的伤口涂一种"神奇"药膏，让受伤的地方快一点好起来。当她感到害怕的时候，一个拥抱就足以让她一整天都感觉安全。现在,事情有了一点变化。劳伦对于复杂的世界有了更多的了解,且很难过地发现,爸妈并不能阻止猫咪死掉。同样的,他们也无法帮自己学会拼字,或叫她最好的朋友不要欺负自己。劳伦实际上感到相当幻灭,她了解到父母可以提供爱、指引和支持,但他们不像自己曾经以为的那样无所不能。

有一系列适合小读者的丛书,利用许多仔细观察到的生活故事来探讨这个主题,包括了蓓尔·慕尼(Bel Mooney)的《但是你答应过的!》(*But You Promised*)。故事中的主人公凯蒂要爸妈承诺许多事情,而这些都是无法事先安排的。其中一个故事是这样的:凯蒂不想去看医生打针,她要父母保证打针一点也不会痛。可是父亲让她失望了,凯蒂对此感到非常生气。在故事里,爸爸和蔼地跟她说:

> "你必须要学会一件事情。"父亲微笑着告诉凯蒂:
> "父母并不能控制所有事,当大人说'我保证'的时候,
> 他们的意思通常是'我希望是'。"

像凯蒂一样,孩子们会发现家长不仅不是无所不能的,还会犯错。对于父母而言,许下无法兑现的承诺是相当不明智的。即使爸妈希望满足孩子的所有需求,但也不需要每次都对孩子的要求有所回应。例如,家长们可能会发现自己是在脾气不好的状况下回应孩子的,或是错怪他们犯下的一些小错误。没有

完美的父母，但若是能向孩子表示自己很抱歉，也不会有所损失。事实上，这样的行为是很重要的，因为当父母能够以身作则时，孩子便会开始明白自我反省的重要性。

> **贴心小叮咛**
>
> 没有完美的父母，但若是能向孩子表示自己很抱歉，也不会有所损失。事实上，这样的行为是很重要的，因为当父母能够以身作则时，孩子便会开始明白自我反省的重要性。

既然家长并不是无所不能的，就不需要掌控一切，而这会让父母的权威受到严峻的考验。6—7岁的孩子偶尔会倔强不听话、易怒烦躁、乖戾固执和好战，这是很平常的现象。这时候，爸妈需要能够坚持立场，对孩子说"不可以"，且执行到底。家长也必须能够承受这样的坚持所导致的后果。在设下限制时，父母有时会无法忍受自己不受欢迎的感觉。若爸妈本身在小时候经历了过于严厉的约束管教，他们可能会觉得对孩子太严格是一种伤害。不过别忘了，设立公平的规范是爱与关心的基本表现。

家庭生活总会遇到一些困境，若双亲本身的关系就有点紧张，是一定会对家中的孩子造成伤害的。问题也有可能来自外界的压力，例如，工作上的问题、经济上的困难、疾病或是遭遇丧亲。通常，孩子的心理复原力是比较好的，倘若家长可以从伴侣、其他家人、朋友或社区那里获得有效的支持，并设法渡过难关，最终解决问题，孩子通常也能重新振作、恢复活力。某种程度的逆境或灾难是生活的一部分,但若孩子所遭遇的问题持续很久,且成了无法突破的阻碍,就必须寻求协助。家庭医生或学校通常是提供初步咨询的最佳资源,若有需要,还可以协助家庭把孩子转介给其他更为专业的机构。

第三章
学校生活大考验

从幼儿园迈向小学的阶段,对6岁孩子来说,是迈出了人生的一大步;对家长而言,也是如此。

第一天带孩子上学既兴奋又不安,不知孩子是否能适应大集体生活、固定的上下课时间以及有一定的科目要学习。

儿童对自己成为小学生感到新奇好玩,且带着点恐惧,喜欢模仿老师的点名仪式,对老师既崇拜又敬畏。

在本章可以看到儿童是如何应付学校里的种种活动的,其中也分享了有创意的教学内容。儿童也终于明白了成功是需要付出努力的。

第一天上小学

到了6岁这个年纪,孩子通常会希望将自己的热情和多变的行为转化成一些比较有条理和有成就的东西,而这会让所有人都满意欢喜。由于学校活动具有可预期性及一定的持续性,而成了一个多数人喜爱的环境,并让孩子在这里展现了他日渐成熟的能力。家长的支持仍然非常重要,但孩子们可能不像以前那样明显地表现出对父母的需要。相反地,孩子在开始上学时可能会传达一种非言语信息给爸妈——"我爱你,但现在请你走开"。这样的自我肯定证明孩子已经具有某种程度的成熟稳定性,但这是怎样发生的呢?

> **贴心小叮咛**
>
> 孩子在开始上学时可能会传达一种非语言的信息给爸妈——"我爱你,但现在请你走开"。

孩子对于这个世界的参与度基于早期和主要照顾者之间的关系,母亲通常是主要的照顾者。之后,孩子的世界会慢慢地扩展,包括了父亲、兄弟姐妹和其他较为亲近的家庭成员。在学步期所形成的自我意识建立在某些重复的经验之上,包括能够有人敏锐地察觉其需求和理解他们。换句话说,孩子是在关系中发展长大的。若没有特殊状况发生,学步期的幼儿会对身边的人事物以及自己与对方的关系开始感兴趣。三四岁的小孩或许可以跟其他小朋友一起玩，但可能比较自我中心，不太能够沟通妥协。许多孩子在四五岁时开始上学，这一进展表示孩子需要整合过去所拥有的资源，去适应有约30个学生的班级，且能应付学校在一天中的要求。他们需要学着对他人有某种程度的敏感度，且被期待在家中、操场或幼儿园等有大人居中协助的场合里，和其他小朋友练习互动。自然的竞争是迈向成功的助燃剂；而另一方面，向父母学习的能力让孩子准备好了将注意力放在老师身上。尽管有了这些准备工作，孩子也表现出了相当的自信，但每个家长都知道，一个6岁的孩子仍然是脆弱和依赖他人的。

在一个刮着大风的周一早上，当莱恩和妈妈8点55分赶到学校时，操场上已经挤满了家长、孩子和儿童推车。在等待坎贝尔老师时，六七个孩子已经排好了队伍，挤来挤去，想要占据喜欢的位置。莱恩的朋友詹姆斯带着足球，和朋友讨论着下课的时候谁要踢哪个位置。另一个男孩杰森从人群中走出来，并朝着莱恩走过来。他走近莱恩，拉了一下他的兜帽，并粗鲁地用手戳了一下他的脸当作打招呼。其他小朋友都有父母陪同，唯独杰森没有。当莱恩的妈妈告诉杰森不可以用手戳其他小朋友的脸时，他并没有理会。这时候，老师到了，原本松散无序的孩子们突然主动地排好了队伍，打打闹闹、歪歪扭扭地向教学大楼前进。

就像许多家长一样，当妈妈亲吻莱恩道别时，需要忍受儿子必须自行设法适应大集体环境的事实。她仍记得小时候刚开始上学那会儿,有时候必须承受自己是集体中的边缘人的感觉。她也在反思:这是不是她干预杰森行为的原因,且对莱恩来说是过度保护,没有让孩子自己去处理这件事情。毕竟,学着依靠曾经拥有过的良好经验来面对及处理暂时的逆境是成长的一部分。但有些父母并不是这样想的,孩子在学校时,家长必须把照顾孩子的责任移交给另外一个较为陌生的大人——学校的老师,这可不是一件容易的事。

对老师既崇拜又敬畏

对孩子而言,学校里的老师是非常重要的人物,是家庭以外的权威的代表。老师甚至会影响孩子一整天在学校的情绪感受。在儿童理解新事物时,会把之前所拥有的关系当作参照。与老师之间的关系无可避免地会受到自己之前和父母、祖父母及其他重要大人相处时的经验影响。即使这个年纪的孩子不期待老师会像母亲一样对待自己,但仍希望自己能够被注意到,并且对对方来说是重要的。是否被老师关注是孩子们的在校学习经历中的关键性因素。如果老师是温暖的,孩子就会与她发展出特别的纽带,对老师产生敬畏和崇拜。学生通常会仔细观察自己所喜欢的老师,并着迷于她的做事方法。孩子越想要成功地取悦老师,可能就越害怕失败,这有时候可能导致孩子把老师视为一个严厉或可怕的对象。而且在6岁的时候，孩子会产生微妙的变化，他现在知道自己不是光去学校就好了。他们应该更为专注和有目的性。他们会期待结果，也知道只有通过投入和努力，才能取得这些结果。

> **贴心小叮咛**
>
> 6岁的孩子已经能够了解，如果想要在学习上取得成果，就必须专心和认真才行。

对孩子而言，他们的老师要能够维持秩序，更重要的是，能在班上营造稳定和相互尊重的气氛。在这方面，老师更偏重集体的需求，而非特定个体的期望。孩子和老师之间的契合度是相当复杂的，且包含了许多因素，有正面的，也有负面的。在家长评估这些因素时，心中会问一个很重要的问题："这个老师是否能够为我的孩子营造一个安全的学习环境？"

若孩子和老师在一起时是快乐且安全的，这可以帮助家长克服觉得失去了"家中的小可爱"的失落感。但若从新学期开始要更换新老师，父母一般都会担心自己的孩子不能够适应。新老师会不会太严厉，或是太放任？新老师会及时、公平地处理班级中可能发生的任何争执吗？孩子和老师不合的状况也时有发生。在这个时候，寻求协调的最佳人选便是年级主任[1]。要解决问题，需仰赖家长、学生和老师均有意愿相互了解，这可能要花上一点时

---

[1] 英国的学校制度与中国不同，在中国可能由教务主任或年级组组长处理相关事宜。——译者注

间。但学校和家庭若能相互支持合作,对孩子仍是最好的。

在这个年纪,有很多孩子会专注地观察、研究他们的老师,而且会仔细留意老师态度和行为上的一些细节。路易斯在上床睡觉前,常常要进行一项"点名"仪式,就像他的老师一样。妈妈知道这对路易斯而言有多重要,因此允许他这么做。在路易斯的要求下,妈妈发现自己在儿子睡觉前,竟要假装30几种不同的声音来回应他想象中的点名仪式。

对6—7岁的孩子而言,在学校养成的习惯和行事方法变得相当重要,尤其会在家中尝试一些在学校里才可行的策略。例如,史蒂夫的妈妈发现他会试着坐得直挺挺的,而且在想要获得父母的注意时,会把手举起来。而梅利莎在幼儿园时会用"妈妈"来称呼自己的老师,现在则经常把妈妈误叫成老师的名字。这些错误均显示,学校生活越来越重要。这也暗示了孩子花了多少气力来博取大人的注意——在学校里,这可不容易,需要煞费一番苦心。

频繁地更换老师会让孩子感到困扰。索尼亚的老师请了病假,于是学校安排了多名老师前来代课。这让索尼亚变得有点情绪低落,不愿意去上学。妈妈觉得索尼亚的状况相当不好,甚至觉得强迫她去上学是一件相当残忍的事情,于是到学校和年级主任共同讨论解决方案。年级主任老师安排索尼亚在集体中负责一些小任务,并指派了一个孩子们熟悉的助教来协助索尼亚度过这段不稳定的时期。当索尼亚的老师病愈回来上课之后,她适应困难的状况也就逐渐消失了。

老师老师，请叫我回答问题

当班级人数众多时，孩子们为了抢着回答问题，会一次又一次地举手，希望能够被选中回答问题，最后却未被选中，这会让孩子感到非常受挫。很多人会加上请求和拉长声音来表达自己想要回答问题的热切渴望。如果怀抱着热切的情绪等着被选，但所说出来的答案未被认可，也会让人感到相当泄气且沮丧。大多数学生都希望被老师注意到，当有类似的机会出现时，对孩子的学习是一种有效的激励。与其他孩子竞争老师的注意有时是从家中沿袭而来的行为——在家里和兄弟姐妹相互竞争，想要在父母心中拥有一个特殊的位置。身为班级中的一分子，要习惯一天漫长的学校生活，对这个年纪的孩子来说是一件很辛苦的事情，在他们的内心里需要一个可以提供内在资源的地方来帮助他们渡过难关。

课堂上的规则、流程和惯例可以让孩子们很安心，且可以帮助他们发展出预期的能力。当班上人数众多时，孩子会对潜藏在表面下的混乱感到恐惧。若能够熟悉学校里的日常事务，对他们而言是莫大的鼓励。这样的担忧不仅存在于学生心中，就连经验老到的教师也会利用能促进合作和代表秩序的规则来安抚学生。

例如，在坎贝尔老师的班级里，有小组奖励点数的活动，若是小组成员可以按照示范把公用器材（如铅笔、剪刀等）收好，便可以获得点数。累积的点数可以换取所谓的"黄金时段"——这是周五放学前的一段时间，上完一周的课以后，孩子们可以在这个时间里玩游戏，或是从事其他活动。采用相同的策略，坎贝尔老师在教室门口放了一个罐子来装"班级弹珠"，当学生们能好好地排队，或是全班共同完成了某个目标时，老师便会在罐子里放一颗弹珠以示奖励。孩子们知道他们每周必须累积一定数量的弹珠，才能在周五兑换"黄金时段"。这一简单的行为策略以一种有效的方式刺激了儿童天生的竞争本能，让他们开始发展群体共同努力的意识。

这个年纪的孩子喜欢证明自己是守规矩的"乖小孩"，但有时候，班上有个顽皮的同学还挺好的：自己调皮捣蛋的愿望被否认并投射到了这个调皮的"坏孩子"身上。为了讨好老师，孩子们甚至会捏造故事、打小报告。很明显，这会对集体的凝聚力造成伤害。好老师会尽力避免此类事情发生，尤其是避免让某个孩子以某种特质被定型。举例而言，老师可以为了特殊的教育需求而在班上组织学生讨论各个同学的优点，鼓励害羞内向的孩子更有自信地表达自己。当孩子看到并了解到班上的同学是如何被对待的之后，与同学的关系便

> **贴心小叮咛**
>
> 这个年纪的小孩会以"自己是乖小孩"和守规矩为荣。

提供了许多机会，让孩子得以探索自己个性中的不同方面。

把功课变得有趣

有效的学习可以让这个年纪的孩子将在家中和学校的生活经验联系起来。对孩子的整体教育来说，也需要考虑他们所认识到的现实生活与想象世界之间的联系。实际上，在6岁，甚至是7岁的时候，孩子对于做游戏或玩角色扮演的天生的热情可以提供绝佳的拓展创造力的机会。功课可以是有趣的，有趣的事情也可以变成功课。若有趣的事情也可以有父母参与，学校的课程便可成功地成为一个鼓励学习的平台。

> **贴心小叮咛**
>
> 功课可以是有趣的，有趣的事情也可以变成功课。

英国广播公司在英国发行了《看与读》（*Look and Read*）系列影片，相当受欢迎的迷你剧集《通过龙的眼》（*Through the Dragon's Eye*）共有十集，其内容有助于课堂拓宽创造力的学习。坎贝尔老师利用其中的故事创造出了连接孩子们的家庭和学校的想象式的桥梁：在每日的例行点名活动结束之后，老师便会利用一个有趣且富有教育意义的例行活动开始当日的课程：

坎贝尔老师宣布，"现在，让我们来看看昨天是谁带葛温回家的。"台下明显有一阵兴奋的躁动,孩子们都喜欢这个活动,很多人似乎从早上的昏沉中清醒了过来。葛温是坎贝尔老师的一只大红色绒毛龙玩偶,它和《通过龙的眼》里面的主人公有着一样的名字。班上的学生们会轮流带葛温回家,另外还有一本特别的作业本,带葛温回家的孩子要负责记录葛温和自己回家后一起做了哪些活动。

今天轮到安卓拉了,她自豪地站出来朗读了在作业本上记下的自己带葛温去上游泳课的趣闻。

> 我妈妈问葛温会不会游泳,葛温说:"不会。"所以,他得在车上等我上完课,因为我们担心他会淹死在游泳池里。等我们回到家的时候,我爸爸想要抱他,但葛温喷火烧掉了爸爸的眉毛。然后我们一起看了电视。

同学们都很开心地笑了。

"可怜的爸爸。"坎贝尔老师眨了眨眼睛说:"烧掉他的眉毛可不是一件好事呢!"

安卓拉有点尴尬地站着,不自主地理了一下裙子,双唇紧闭,想不出该怎么回应。这会儿,她可能正想着自己所写的文字,并猜想她的故事是不是造成了什么伤害。7岁的孩子偶尔会搞不清现实状况和想象世界中的差异。但是安卓拉的朋友莎拉插嘴帮她解了围:"他们一起看电视的时候,眉毛或许就会长回来了。"大家也都笑着赞同这样的说法。

孩子们认同且喜欢的是葛温去拜访过不同的家庭，并可以亲自为葛温记日记，而这本日记就是在坎贝尔老师的主导下，由集体共同想象创作的。葛温属于班上的所有同学，它帮助同学们觉得自己就是这个班级大家庭中的一分子，而这个家中有一个脾气反复无常的小调皮葛温，且是由大家轮流来照顾的。这个活动可以让孩子们运用他们的想象力，同时也能够以自己的想象世界为主题来练习写作技巧。孩子可以通过葛温来表达自己好斗、暴躁或紧张的情绪，且这种方式不会伤害到任何人，让他们可以隔着一段安全的距离来了解自己。对于班上通常被认为听话的好孩子来说，这是从未尝试过的，让他们可以用一种稍为激烈的方式表达自己的自信，而且这个集体可以接纳这种表达自我的方式。可以这么说，葛温这个玩偶为孩子搭起了一座连接家庭和学校的极好的桥梁。学校鼓励家长们一同参与撰写日记，一起完成这个以想象力为核心精神的作业。葛温在拜访不同的家庭时，有着各式各样的经历，尝试过外国美食、玩过足球、认识了孩子们的保姆和祖父母们、参加过派对、去过清真寺和教堂，真的是大开眼界。孩子们可以在教室的图书角阅读并分享葛温的冒险经历，这本日记还是大家常常翻阅的

贴心小叮咛

孩子可以通过玩偶来表达自己负面的情绪，却不会伤害到别人，并可以隔着一段安全的距离来了解自己。

一本书呢。

如何帮助孩子们专注？

长时间保持专注对6—7岁的孩子来说是一项艰巨的考验。在学校保持一整天的专注对他们的成长是一个巨大的挑战，然而不同的孩子在面对这项挑战时，所展现出的毅力各不相同。有时候，孩子可能一时没有学习的心情，于是会将注意力转移到其他令他分心的事物上；在其他时候，他们可能无法吸收一连串的指示。好的老师会努力让班上所有的孩子都参与讨论，启发相互的合作，尽其所能地让课堂变得有趣。但毕竟，每天都需要练习的基本技巧才是学校生活里的重要元素，孩子们必须完成。接下来的案例可以让我们大约地体会到孩子和老师们在一般的课堂上付出的努力。对于老师或是课堂助教来说，挑战是要如何帮助每一个学生完成布置的功课，换句话说，就是鼓励他们有效且专心地克服其他会让自己分心的事物。

在坎贝尔老师班上，在某一天的语文阅读课中，孩子们要写一篇心得感想，内容是前一天受邀参加幼儿园举办的表演会。首先，老师先要确认班上的每一位学生的眼睛都注视着自己，然后她鼓励学生们不只分享自己的见闻，还要表达个人的看法。老师试着帮助学生想象，当那些5岁的幼儿园的孩子们站在舞台上表演时，在面对台下其他年纪较大的哥哥姐姐以及家长时，会有什么感受，以及幼儿园的老师和小朋友要花多少工夫挑选音乐和制作戏服。他们也一同讨论了嘲笑那个在台上跌倒的小女孩是多么不恰当。在这些讨论之后，孩子们需要写一篇文章来描述这场表演，说出自己看到了什么、喜欢哪些地方和觉得如何。这里有很多的素材供孩子们思考，老师把作业纸发了下去，然后让大家回到自己的座位上开始写作。

> **贴心小叮咛**
>
> 写心得感想是孩子最痛苦的事之一，大人应该引导孩子通过集体对于不同方面进行讨论，再书写心得，这样会较有感触，也较能够言之有物。

有一位家长，布朗太太，来到班上协助老师，她要帮助由六位学生组成的小组，男孩女孩各三名。三个小女孩对于素未谋面的布朗太太非常有兴趣，相较于此时该完成的功课，她们更想对这张新面孔有更多的了解。薇瑞拉喜欢她的耳环；米娜想要告诉她自己今天早上喉咙痛，然后爸爸给了她一颗喉糖。一开始时，只有卡尔可以马上进入状态，其他人都花了一点时间才着手做老师布置的作业。薇瑞拉叽叽喳喳地说话，想着自己是不是应该把铅笔削尖一点。杰克不停地摇着椅子，开身边事物的玩笑，又把铅笔掉在了地上，然后在桌子底下来回摸索铅笔。安娜看起来很茫然，似乎一点也不记得刚刚大家所讨论的内容。过了一会儿，米娜叹了一口气，尽管喉咙仍然痛，但她终于开始着手写作了，而薇瑞拉也在削好铅笔后开始动笔了。这两个女孩似乎是在等布朗太太注意到自己之后,才愿意把心思放在功课上。盖瑞很用力地压着铅笔,似乎对于写下去的东西不太满意,他用橡皮擦去了所写下的文字,在本来干干净净的作业纸上留下了一点一点的污渍。整个小组需要很多的鼓励,对布朗太太而言,协助的这六位学生似乎是相当繁重的工作。

15分钟之后,布朗太太看管的小组终于上了轨道,但时间似乎过得很慢。卡尔想到可以使用字典,并完成了作业。盖瑞终于写出了一个句子,但是有太多的字颠颠倒倒和擦擦写写,不过他很努力地试着达到老师对自己的期望。薇瑞拉虽然起步较慢,但之后全力以赴,似乎在布朗太太的鼓励和注意之下振作了起来,而她似乎也了解了这个新来的大人是如何与这个小组互动的。事实上,是薇瑞拉想到请布朗太太将大家不会的字写在黑板上的,这样大家就不会一直问问题了,而她问的词是"尊敬的"。相反,米娜觉得要专注地写作相当困难,反而不停地抱怨:"老师,安娜在抄我的,你跟她说不要抄我的。"突然之间,大家都想要知道布朗太太会如何处理这件事。布朗太太很快地想了一下,然后告诉大家,或许安娜是想要分享她的想法,而不是抄袭别人。这是可以的,不是吗?米娜似乎对这样的想法感到满意,终于可以专心了。没多久,盖瑞想要去上厕所,奇怪的是,一旦他获准去上厕所,安娜也说自己想要去厕所。

事实上,在这堂课结束之前,布朗太太负责看顾的这个小组的气氛已经有所改变了。虽没有大人太多的协助，每个学生也都有所进步。布朗太太很好奇，若是没有助教帮忙，老师到底是如何管理这么大的班级的。把作业放在一边，准备下课出去玩的时候，学生们个个又生龙活虎了。然而，布朗太太已经觉得筋疲力尽了。

第四章
我可以和你做朋友吗？

从家庭到学校，活动圈逐渐扩大，社交圈版图也在扩张中。此时，"交朋友"成了孩子很重要的课题。

在本章里，学校是主要的社交场合，操场更是建立友谊的好地方；而通过学校课程的设计，在小组讨论时间，孩子可以将在社交上遇到的问题一一提出并加以讨论，进而形成共识：一份成熟的友谊建立在彼此的"付出—收获""同理心"以及"尊重彼此的差异性"之上。

这个年纪的儿童喜欢结交什么样的朋友，他们都在玩些什么？对于朋友的认知又如何？本章都有详细的介绍。

可以找到和自己相似的人是多么令人欣慰的事啊！人类是社会性动物，6—7岁的孩子正设法应付的一个难题就是和其他的小朋友们交朋友。他们现在会把较多的时间花在家庭以外的地方，其所属的同伴团体对于孩子的自我认知也越来越有影响力。所以在孩子的心中，"我像谁？"这样的问题其实和"我喜欢和谁在一起？"相当类似。换句话说，在孩子们寻找朋友的时候，同时也渴望自己能够被接受。他们需要通过其他儿童来确认自己正在逐步成形的自我，那些自信、聪明或拥有其他魅力的孩子们会比较受欢迎。但缺少这些特质的孩子们会造成伤害。在这个年纪，友情很可能有起有落。事实上，绝大多数6—7岁的孩子仍需要大人的关注和斡旋调解，来帮助他们发展和其他人往来的适当方式。孩子需要一段为时不短的时间才能了解到，成熟的友谊建立在彼此的"付出—收获""同理心"以及"尊重彼此的差异性"之上。若能拥有许多练习的机会，也是相当有帮助的。

以社交为主题的团体讨论时间

为了让儿童发展出所需要的社交技巧,从而与同学好好地相处,学校可以有积极的贡献。小组讨论时间是为了让孩子对社交关系和处理冲突的简单策略能有更多的理解。家庭生活提供了许多机会让孩子学习"付出与收获",分享和互相尊重。但是,如同我们在前几章所看到的,了解其他人观点和同理他人的能力是在这个年纪才慢慢形成的。

> **贴心小叮咛**
>
> 了解其他人观点和同理他人的能力是在6—7岁这个年纪才慢慢形成的。

在学校时,儿童之间许多不愉快的互动通常都是因为缺乏对社交的理解和缺少练习经验。任何了解儿童的人都知道,孩子们相当执着于谁是自己的朋友,谁不是。而其他需求,像是尊重个人的空间(身体上的)和体贴地对待他人(道德上)都是非常重要的公民道德,可能需要多年时间才能养成,但现在开始积极鼓励学习合作生活的原则也不会太早。小组讨论可以让孩子们把注意力集中于向来被学校视为次要的,或者更糟,被当作干扰的一些事物上。还好,现在的学校也承认,只有专注于儿童的整体教育,学校教育才会是较为成功的,而儿童通过经验和榜样进行学习时，也会学得比较好。因此，在学校的一天当中安排一个针对社交互动主题进行深入讨论的时间，可以帮助孩子们感受到他们在日常生活当中所关心的东西是被重视的。

有一天下午，就在小组讨论时间之前，坎贝尔老师班上有些小朋友从操场上哭着回到教室。经过询问，老师发现，原来他们在排队回教室的途中发生了一些小争执。安娜和詹姆斯这两个人，一个腿上有瘀青，一个撞到了头。他们两个都指责对方在排队进教室时推挤自己。坎贝尔老师花了几分钟时间分别听学生们解释究竟发生了什么事，并采用了温柔但实际的方式来处理。坎贝尔老师顺利地平息了这起突发事件，而且让接下来的小组讨论时间有了一个很好的开场，今天要讨论的主题是"说对不起"。

孩子们围成圈坐了下来，老师问大家，为什么认为说"对不起"很重要。有些答案含糊不清，例如，"如果你不说对不起，他就会告诉老师。"许多答案都能在前一个人的回答上有所延续，又有所拓展。例如，"如果你对你的朋友做了一些事情，嗯，会让他觉得受伤的事情，嗯，他们就会去告状，而且再也不跟你做朋友了。"坎贝尔老师点出了新的想法，"所以，如果你想要和对方做朋友，最好跟他说对不起。"利用刚刚在操场上发生的事件作为引子，坎贝尔老师要大家想想看，如果别人推挤自己，或是伤害自己会是什么样的感觉。她也让学生从另外一个角度进行了思考：如果你是不小心的，但是别人对你生气地大叫，你会有什么样的感觉。接着，她又提出了若干更有难度的问题，例如：如果你是故意要伤害其他小朋友的,那么简单说一句"对不起"就可以了吗?

接下来,每一个同学都要告诉身边的同学,自己在什么时候会跟别人说"对不起";老师希望每一个人都说出自己的经验,并聆听对方的描述。这个练习似乎引起了孩子们的兴趣,教室里闹哄哄地充满热烈的讨论声。过了一会儿,坎贝尔老师请每组学生根据刚刚讨论的内容设计一小段表演,孩子们兴高采烈地演出了各种类型的坏事:拿别人的糖果、踩别人的脚和咒骂他人。小朋友们对于这些事情都相当熟悉,而这堂课真正的目的——学会说"对不起"——似乎变成了次要的部分,甚至还有点扫兴。事实上,孩子们发现说"对不起"是让事情冷却下来的有效方式,但似乎并没有由衷地感到抱歉。这一点也不令人讶异。身为大人,我们知道在说"对不起"和真的感觉到自责懊悔之间是有差别的。大人若是希望孩子真的为了他们所犯下的小错而感到抱歉,也实在有点操之过急。这个班上7岁的孩子提出了一个有趣的问题:"会不会有时候你虽然说了'对不起',但你其实并不是真心要道歉?"不过这已经超出了老师想在这堂课中传达的信息的范围。到目前为止,孩子们学到了尊重地聆听对方说话是一件很重要的事,而且或许可以免去一些争吵抱

贴心小叮咛

尊重地聆听是建立友谊的关键基础,说"对不起"是让争吵冷却下来的有效方法。

怨，而这些重要的技巧是建立友谊的关键基础。

操场上的社交

摆脱正规课堂中的规范，学校的操场似乎是一个释放紧张压力和可以为所欲为的地方。此时，操场已经是儿童较为熟悉的场所了，倘若儿童在班上觉得还可以，便能够安心地暂时出去玩一下，在课间短短的时间里可以和朋友们纾解一下压力。还是会有大人在旁看管着孩子们，万一有什么差池，仍然有人可以让孩子们寻求协助。当孩子们发生小争执时，老师和操场上的助教是可以给予仲裁的人。助教身边常常会有一群友善但叽叽喳喳的小女孩，积极地想要与自己喜欢的大人说话，以引起大人对她们的注意。这些成人也会判断像擦伤、撞到头或肚子痛等轻重不一的意外事件，提供一些机动性的医疗协助。6—7岁的孩子到新学校时，会了解学校里的规章制度，而操场往往是不那么令人却步的场所。

这当然不是说在操场上完全没有压力。在操场上的一片"混战"当中，许多小团体同时玩着各自的游戏，孩子们一会儿加入这个团体，一会儿又和游戏伙伴一拍两散。随机建立起的生态体系随时都会受到挑战，好朋友们会对彼此不忠，还有大声喧哗着、奔跑着的兴奋的孩子们所制造出的骚动不安，常常让其他还没决定加入哪个群体的同学觉得这里充满了背叛和不忠。

有些孩子们会聚在一起玩着角色扮演游戏,在这种活动当中,他们可以用一种也令他人感兴趣的方式来实现自己的幻想。于是,具有故事情节的扮演游戏便开始了。米娜大声对着艾莉森和莫莉喊话,而这两个小女孩正假装自己驾驶着飞往火星的航天飞机。米娜是这个游戏的主导者,大喊着自己是神力女超人,即将来拯救这个星球。另外两个小女孩兴奋地敲打着墙上想象出来的计算机。一会儿,她们和其他女孩假装无所畏惧地捕捉到了外星人当俘虏,并夹杂着一些混乱的嘶吼,穿插着"神力女超人来拯救你"的话语。很显然,这个游戏只有女孩可以参加,将男孩排除在外可能也是其中的乐趣之一。

在操场上玩的某些游戏已历经许多世代,且衍生出了许多版本。"黏黏太妃糖(Sticky Toffee)"游戏[1]及其相似的演化版本仍相当受欢迎,可能是因为这个游戏可以唤起孩子更多的自主性,也对应于另一种正相反的状况——希望有人记得自己,找到自己,且收留自己。这就像是孩子自身与家长的关系——如同用一条假想出来的橡皮筋把他们捆在一起。这个年龄的孩子被家长推向了更为宽广的外部世界,但他们仍希望能不时地被拉回来。在这个游戏当中,小朋友们会选择一个人当鬼来追其他人。游戏一开始,其他小朋友必须拉住当鬼的小朋友的手(或手指),这就

---

[1] 类似"红绿灯"和"一二三木头人"的游戏。——译者注

自然限制了一起玩这个游戏的人数。然后,当鬼的小朋友会大喊"黏黏太妃糖",所有人会立刻散开,以免被抓到;而被抓到的小朋友则必须站在原地,伸出双臂等着其他还没有被抓到的小朋友来拯救自己。留到最后而没有被抓的人就是赢家,在下一次就可以当鬼。对孩子而言,规则很重要,作弊是不可以的,甚至会引发争吵并遭到排挤。拍手游戏则另有一套规则,需要相当好的动作协调能力、记忆力和配对能力。这些游戏似乎可以探索你和朋友之间的连接与分离,以及与其保持同步的默契。这类游戏都提供了绝佳的机会,让孩子发展自我意识,以及与同伴患难与共的情谊。

> **贴心小叮咛**
>
> 学校操场是培养友谊的好地方,团体游戏或活动可以帮助孩子发展自我意识及建立患难与共的友谊。

在所有的团体游戏当中,总是会有些孩子觉得很难参与其中,他们可能在想家、不够成熟或缺乏自信与社交技巧,而没办法跟他人一起玩。多数孩子总是会有几天时间觉得自己像局外人,要是再加上担心家中的状况,情况就会更加严重。换句话说,有些孩子的个性就是会让他们偏好更个人化

> **贴心小叮咛**
>
> 有些孩子会因为想家、不够成熟或缺乏自信与社交技巧,而没办法跟他人一起玩。其实,有时候大人稍为鼓励一下,就很有帮助。

的和想象的活动。这样的孩子往往会站在核心团体之外，静静地看着别人玩得兴致盎然。若某些孩子选择在下课时独自一人待着，也不见得是一个问题。有时候，大人稍为鼓励一下，也可以让一个害羞的小朋友愿意尝试加入其他人的游戏中。

安卓拉一个人站在一旁，看起来闷闷不乐的。直到负责在课间看管操场的助教停下来跟她打招呼的时候，她才露出高兴的表情。原来，安卓拉的好朋友不肯跟她玩，这让她觉得很难过。安卓拉很高兴得到助教的关注，且很热切地想要跟助教交谈。安卓拉很骄傲地问助教，要不要认识翠儿，然后给助教看了自己口袋里的一只蓝色的塑料小鸟。翠儿来自她的白雪公主娃娃屋（所以它是一个从家里带来的玩具），很显然，这只小鸟对安卓拉来说非常重要。助教鼓励她继续说下去，安卓拉便继续说当她觉得孤单的时候，她会编出有关小鸟和花朵的歌曲，唱给自己和翠儿听。安卓拉让助教拿着小鸟，细看这个玩具，她们的对话一直延续到安卓拉班上的一位同学好奇地走过来。

安卓拉一直在想翠儿到底是不是男的，因为它是蓝色的，且羽毛短短的。但新加入她们讨论的那个小女孩看得更仔细一些，她指着翠儿身上的一个小洞（这个小洞是用来把翠儿插在白雪公主娃娃屋上的），说道："她一定是一个女孩，你看，这是她的屁股。"这样的说法似乎影响了安卓拉，猛地把她从想象的世界中拉回了现实的操场上。之后，两个小女孩一阵窃笑，手牵手离开了助教。

虽然安卓拉大致上已经相当成熟了，在班上也表现优异，但在操场上，她仍然会感到有点不知所措。像泰迪熊之于3岁幼童一样，以玩具翠儿为表征来连接家庭生活，让她感觉较为安全舒服。幸运的是，操场上的助教友善地对安卓拉表示了关怀，帮助她感觉更有自信了。所以当另外一个小女孩加入她们的时候，安卓拉很快就可以接纳她。

男孩跟男孩一起，女孩跟女孩一起

在这个年纪，孩子正以6—7岁的视角来整合自我认同感，性别通常是定义自我的最明显方面。在操场上，很容易发现以性别区分的团体。对于同伴的选择，6—7岁的孩子明显偏好与自己性别相同的孩子玩在一起。如果你问孩子们放学后想要去谁家玩，或是想要邀请谁来家里玩，你得到的答案非常可能是男孩选择男同学，女孩选择女同学。女孩的朋友数量普遍较少，但是友谊较为深刻，而男孩则喜欢结交许多朋友。

男孩们会想要从事男人应该做的事情，这在某个程度上会造成困惑。他们在自己还小的时候比较能够接受自己对于母亲充满热情的爱慕，但现在因为偏好与同性朋友相处，那样的情感就会被埋没在底下。这么一来，男孩们会开始探索较为自主的模式，表现出父亲或其他类似榜样的举止行为和喜好。并不是每个男孩都是活泼好动的，不过多数男孩在这个年纪都会主动地参与团体游戏，就像鸭子之于游水一样。尤其是足球，是这个年纪的许多男孩感兴趣的休闲活动，这当中牵涉了许多因素。第一，这是一种能够学到一些规则和身体动作技巧的活动。第二，这项充满魅力的竞技体育运动有很多东西需要了解，通过看球，孩子会和爸爸或其他家庭成员一样成为所喜欢的球队的球迷。第三，还有许多和足球有关的活动，如电脑游戏、收集贴纸和桌上足球。但最重要的是足球可能提供了可以专注的目标，以及一个可以和一群朋友一起从事的活动，而且还可以清楚地感受到"另外一方"。

参与足球活动让孩子在群体当中有机会和其他男孩相处，这个群体是由7岁男孩所喜欢的各种规则和角色组成的。所需的训练迎合了孩子们对于纪律和组织的渴望，这些是这个年龄层最具代表性的特点。然而，刚开始，这些游戏规则对于6—7岁的孩子来说有点复杂，所以他们可能对于穿戴足球队队服和其他配饰，扮演父亲所支持的足球队中知名的足球运动员更有兴趣。不停地跑动和以一种热血的方式消耗精力为足球赛增添了更多的吸引力，而所需要的只是一个足球和足够大的场地。这也可能消耗掉很多潜意识里的竞争心态和攻击性，并用一项好运动所需要的合作与纪律加以锻炼和调和。

一个起雾的12月清晨，五个孩子约好在当地的游乐场上练习足球，陪伴他们的是三位父亲及两位母亲。大家都穿着圣诞老人送的新队服，每个人都看起来光彩夺目。孩子们都急切地想要踢好自己在比赛中所负责的位置。莱恩也是其中之一，穿着托特纳姆热刺队8号门德斯（Mendes）的上衣。这件事情好玩的地方是，在学习某些技巧的同时也假装自己是一位著名的足球运动员。乔在展示了一记满意的铲球之后，大声地对着场边的父亲叫着："我是舒利亚[1]！"凯斯因为被乔铲倒，痛得流下了几滴眼泪。"犯规！"身为裁判的乔的父亲大喊着。莱恩似乎置身于这场争吵之外，他妈妈发现莱恩似乎很担心弄脏自己的队服。虽然如此，当球往莱恩的方向飞来的时候，他还是踢出一记不错的传球。几分钟过后，孩子们为了抢球发生了扭打，乔的爸爸本能地知道要怎样处理这件事。"越位！"他大喊道，且直视着小男孩们的眼睛让他们分开。场边的两位妈妈咯咯地笑着，足球规则很有帮助，比叫他们不要再打了有效得多。这当中的纪律规则是所有男孩都知道且愿意遵守的。比赛一直持续到父亲们筋疲力尽。直到此时，莱恩才发现他妈妈在场边。"你帮我带饮料来了吗？"他问道，脸蛋红通通的。莱恩的妈妈相当精准地认识到这时帮莱恩准备饮料可以表达自己为儿子骄傲。虽然她也很想给莱恩一个拥抱，不过在这个时刻，儿子可能不会接受。

女孩之间的友谊比男孩之间的友谊更强烈，而且常常是不稳定的。我们已经看过当安卓拉的好朋友不愿意跟她一起玩的时候，她是多么的无助。小女孩们喜欢一起做任何事情，分享秘

---

[1] 阿兰·舒利亚（Alan Shearer），英国最好的足球前锋之一，2006年退役。——译者注

密、玩偏重想象和假装的游戏以及一起天南地北地聊天。由竞争和敏感所引发的争吵并不少见，有可能是因为女性往往会对个人情感做细微调整，因此对于友谊的探索总是比较多虑。

> **贴心小叮咛**
>
> 男女大不同。在交友上，女孩比较谨慎，喜欢分享秘密，投入的情感也较多；男孩则是喜欢结交不同的朋友，喜欢和一群朋友在一起活动，从竞赛中建立友谊。

6—7岁的孩子常常夸大男孩和女孩团体的差异性，这个年纪的孩子希望和另一个性别分得开一点。一位妈妈曾经带过一队名为"彩虹"的女童子军，这个团队是由6—7岁的小女孩组成的。这位妈妈发现，女孩喜欢学习与手工艺和艺术相关的知识，喜欢画画和玩桌上游戏。同一时期，她的先生在隔壁负责另外一队名为"海狸"的男童子军，他的团队较为吵闹和好动，也较难管理。在学期结束的时候，他们安排了一场联欢会，由彩虹小组负责举办。当第一个男孩抵达会场时，他显露出了相当尴尬和厌恶的表情。脸色泛红地大声抱怨着："我不要进去，里面都是女孩！其他的男孩呢？"其他的小男孩们都在隔壁集合，似乎要先等到有足够的人数，调整好心情，才能来面对女孩们。

玩什么呢？

在这个年纪，玩具和游戏对巩固友谊是很有帮助的，最简单的玩具就可以让孩子发挥本能，利用想象力来产生有创意的玩法。游戏和画画是让孩子们表达自己的想法和感受的重要方式。事实上，有人认为孩子通过游戏学到的和他们在正规课堂上学到的一样多，因为在游戏的过程中，有足够的空间来消化自己情感上的经验。相对地，不玩任何游戏的儿童是绝对需要关注的。这些孩子可能太过害羞或是烦恼，而且必须有特殊的协助来卸下他们加在自己身上的武装。

> **贴心小叮咛**
>
> 不用买太复杂、太精致的玩具给孩子玩，最简单的玩具最能激发孩子的想象力和创意，他们可以"发明"各种玩法。

孩子们可以通过分享在游戏当中所表现出的共同点来培养与他人的友谊。在现代生活当中，通过许多媒体渠道，儿童变成了很多商品的目标消费群体。在时下的流行和对事物的狂热上，他们也会相互影响。当某个玩具被加上"一定要拥有"的标签时，我们便可以假设，聪明的玩具设计者势必在这项商品里添加了某种可以让儿童关注并引起共鸣的元素，观察一下孩子们所选择的玩具便可以知道。

　　这个年纪的儿童喜欢收集东西，比如收集松果、娃娃、贴纸、超能战士或游戏王卡。诸如此类的例子有很多，重点在于囤积资源。收集的行为可能代表孩子希望拥有更多的有力资源，在这个年纪，他们还不是很清楚自己与大人在能力上的差异，孩子可能会觉得当自己拥有很多物品的时候，表示自己可以拥有更多的本领，可以帮助他们觉得自己拥有资源，足够应付困难重重和竞争激烈的世界。和朋友交换所收集的物品是进行贸易行为的一种方式，或是广义的付出与收获。"你有什么可以跟我交换？"也是某种合作的基础。

　　玩偶一直以来都是孩子最爱的玩具，尤其是对女孩而言，其吸引力至少来自其外表所象征的完美女性形象。婴儿玩偶会让孩子们展现母性的一面，但最受欢迎的玩偶是另一种类型的娃娃。闪亮小天后（Bratz™）具有六七岁小女孩想要的那种活泼、迷人的青少年摇滚明星的形象。

　　棋盘游戏可以让孩子们在安全的和遵守规则的环境下相互竞争，这些游戏是激发积极竞争的好方法，且不会造成任何伤害。在这个年纪，孩子们可能还不太会玩，所以最后总是玩输了，家长们常会要求自己稍微窜改规则，以便让受挫的孩子能够赢几场。

　　孩子们也喜欢自己发明游戏和制定规则，拉希德的同班同学亨利来他家里做客，他们开始玩起一个跟班上同学名字有关的游戏。他们两人一队，拉希德的姐姐代表另外一队，姐姐就读别的班级，有另外一堆名字供她选择。拉希德的妈妈是裁判，裁判需要说出一个英文字母，哪一队先说出以这个字母开头的班上同学的名字，就可以得到1分。利用这样的方式来记住班上所有的同学，将大家当作团体的一分子，是蛮令人感动的。6—7岁的孩子相当富有创造力，可以无中生有地发明新的游戏和规则，且在与他人抢分的时候，还会加入自己的机智幽默。

要和哪种人做朋友呢？

有许多探讨友谊的绘本是很有启发性的，其中一本是安东尼·布朗（Anthony Brown）的著作《大手握小手》（*Willy and Hugh*），内容描述了两个很不一样的人物产生了一段变不可能为可能的友谊。在故事当中，两位主人公不小心地"砰！"的一声撞在了一起。个头较小、经常被别人找麻烦的威利对于大个子休伊居然向自己道歉，感到非常讶异。威利也说了声对不起，从此两人便成了好朋友。这对新朋友发现两人之间有互补的优点，可以帮助彼此。将欺负威利的恶霸们赶跑是休伊很擅长的事，但威利的表现后来居上，在休伊看到自己所害怕的小蜘蛛时，威利倾尽全力帮助了他。别人常说，最好和自己一样的人做朋友，但这个故事以一种幽默的方式挑战了这样的说法。

当孩子们面对周边众多的其他孩子时，他们会开始学习认识这个世界有许多不同的面向，包括不同的族群、

> **贴心小叮咛**
>
> 建立和经营友情的方式必须靠孩子自己摸索，大人们只能从旁协助。

肤色、宗教信仰和语言。在面对与自己不一样的人时，内在的许多因素会影响他们对这些人的感受，学校鼓励的态度在此扮演了相当重要的角色。聚会时间的合唱可以让这个年纪的孩子表达他们的好奇心，某些歌词对成人的世界充满了希望。以下两首歌让我印象特别深刻：

世界上的每一种颜色

我的头发是黑色，而你的是黄色；

我的眼睛是绿色，而你的是蓝色。

世界上没有一个人像我；

世界上没有一个人像你。

如果你想要为每个人画一幅画，

你会需要世界上所有的颜色。

——出自《世界上的每一种颜色》（*Every Colour Under the Sun*）
由 Ward Lock Educational Ltd 授权

我生在这里，我爱这里

我的家人来自许多不同的地方，

从遥远的地方来到这里，

我们说着不同的语言，

但我们都以自己为傲，

不可否认的是，

如果你深入地了解我们，

会发现相似的地方其实很多。

——彼得·高登（Peter Gordon, 2000）
由作者授权刊登（原著未出版）

学着顺利地展开社交生活是一件复杂的事情，也是这个年纪的孩子最需要学会的。和谐的家庭生活与环境可以塑造友善的性情，而学校也会积极地教导儿童有关社交互动的理解和观念。但最终，孩子仍需要自己找到建立和经营友情的方式。虽然他们的交友圈会随着时间改变和变换，不过目前对于集体生活与陪伴关系的了解可为长大后的生活奠定基础。

第五章
怎么教孩子识字阅读？

对许多家长来说，学会识字阅读是评估7岁孩子的学习能力的重要指标。有能力识字阅读和喜欢书籍可以丰富个人的生命，为充满许多可能性的世界开启一扇门，来探索各式各样的知识。

本章探讨了阅读的重要性，以及它与其他能力的关系，并分享了多种阅读策略来帮助孩子养成阅读习惯，以及增进对事物的理解能力，例如，教室里的阅读角落、利用影片协助阅读、安排亲子共读时间等。

最后分析了造成孩子阅读障碍的原因及改善方法。

对许多家长来说，学会识字阅读是评估7岁孩子的学习能力的重要指标。有能力识字阅读和喜欢书籍可以丰富生命，为充满许多可能性的世界开启了一扇门，来探索各式各样的知识。当孩子觉得有足够的安全感，可以面对这当中的困难时，便表示他们做好了心理准备。

通过分类活动和许多机会去联想练习字母与发音之间的关系，孩子经由协助开始发展识字阅读前的一些技巧，教导他们辨识一些常见的字形，并开始学习拼凑文法上的线索、发音和文字，以及从插图上解读信息，来扩展孩子们在识字阅读上的能力。

不过大致来说，对于有意义的识字阅读而言，这些技术上的事前准备还是其次，这件工作其实应该从家庭生活经验开始。现在的教育方式认为家长是孩子的启蒙老师，倘若学校和家长共同合作，孩子在学习识字阅读方面将更有效果。

> **贴心小叮咛**
>
> 家长是孩子的启蒙老师。

阅读和自我认同及学习其他能力有什么关系？

虽然可能不是很明显，但识字阅读的基础在从小的亲子互动关系中早已建立。当母亲对着婴儿讲话和唱歌时，小婴儿便开始学习口语的旋律和节奏了。通过妈妈的声音带来的慰藉，孩子开始将语言和舒服的感觉联系在一起。当婴儿长大到幼儿期时，借助儿歌、故事和图画书所分享的温暖感觉，孩子们会知道聆听的价值和与他人沟通的重要性。若在日常生活中，家长愿意且保持倾听和沟通，并给予孩子关心，孩子便会想要了解他人，以及被其他人所了解。

> **贴心小叮咛**
>
> 你可能不知道，识字阅读这件事早在婴儿期就开始了，越常和婴儿说话，奠定的基础就越稳固，孩子长大之后的识字阅读学习成效就越明显。

> **贴心小叮咛**
>
> 小婴儿通过妈妈的声音获得慰藉，并将语言和舒服的感觉画上等号。

当孩子们看到爸妈在看报纸、书刊或坐在计算机前工作时，或看到哥哥姐姐写作业时，他们便会察觉这些活动都是家庭文化的一部分，这对于未来的自我认同也有重要的影响。想要和父母一样的愿望让孩子们对于大人们喜欢做些什么事情感到好奇,因此便会对共同阅读的活动感兴趣。

家长的支持和鼓励是相当重要的,任何可以坐下来和孩子一同静静地看一本书和各种印刷品的机会都会激发他们天生的好奇心,进而想要了解外面的广阔世界,以及内在的想象世界。定期去图书馆和将书当作生日礼物,可以让孩子觉得识字阅读是一件特别且有趣的事情。

> **贴心小叮咛**
>
> 定期去图书馆和将书当作生日礼物,可以让孩子觉得识字阅读是一件特别且有趣的事情。

倘若英语是家中的第二语言,就不难理解孩子刚开始使用英语沟通时会很困难。但是学校在正式开学前,都会试着和家庭建立良好的沟通桥梁,了解孩子自身的文化和母语对于培养阅读能力的影响。举例而言,"故事小书包"是家长可以用来和学龄前孩子一起说故事的工具。在这个小书包里,有许多五颜六色的物品和照片,可以利用这些教具排列先后顺序,组合创造出一个故事;还有一本小书,书中的内容是家长与孩子一起杜撰出来的故事。现在有很多故事书都是双语的,包括语音和文字叙述,可以让小朋友们在书写文字上获得更丰富的经验。这些故事书对使用双语的儿童特别有帮助,所有孩子都能从得知语言可以呈现许多类型中获益。

学习识字阅读的方式有很多种,并不是每个孩子都会经历相同的阶段，有些孩子可能不会运用适合其他人的策略。就像学习走路一样，很多小婴儿先学会了爬行，但是也有些孩子跳过这个过程，某些人在刚开始学会移动身体时，会先移动臀部，或是翻滚，但人人都会找到一种方式让自己站起来，然后踏出第一步。学习识字阅读也是一样，即使孩子是用不同的方式或不同的步调学习的，他们最终还是学会了。虽然本书的内容不是针对学习识字阅读的，但取得这一大进步之后的关联的确是值得探讨的。

当家长或是老师读故事书给孩子听，以及和他们分享自己所知道的故事时，孩子们便会与之建立起一种较为体贴和亲密的关系，并在这当中能够思索自己的某些想法。儿童开始了解其他人的特质，但要达到像自己所喜爱的大人的水平，还有一段遥远的距离。孩子喜欢别人读给自己听的故事，和自己可以读的故事，这两者在意涵的复杂程度上尚有很大的差距。一旦意识到这两者之间的差异，孩子恐怕会觉得无法处理。为了进行阅读，必须忍受某些能力并非与生俱来的事实，还需要容忍不确定性，以及不顺心时的挫折感和失落感。对于任何学习者来说，无论是对孩子还是对大人，面对失败时仍要保持希望都是很困难的。某些儿童会很惊讶地发现，学习并不是神奇地本来就会的，而是需要许多的勇气、决心和弹性，且不屈不挠地勇往直前，这些都来自过往被爱和被重视的经验。就如同我们在前几章所讨论的案例，一定程度的野心、叛逆和好强都是有益的特质，但若这些特质过于强

> **贴心小叮咛**
>
> 学习并不是神奇地本来就会的,而是需要许多的勇气、决心和弹性,且不屈不挠地勇往直前,这些都来自过往被爱和被重视的经验。

烈,也会有损学习能力。孩子在探索对事物的理解时,也需要持续地仰赖大人的支持和指引。

阅读学习策略

学校会利用很多方式来教导孩子识字阅读,包括让所有的同学都产生归属感,以及在教室里营造温暖和安全的氛围,让孩子比较能够接受和应对学习上的探险。低年级的教室中通常会有一个舒适的图书角,放置了许多有插图的故事书,或者一些班上的同学自己写的作品,可以让大家阅读,就像之前所提到的玩偶葛温的故事。

老师们通常每周都会安排聆听每一位学生朗读故事书的机会,且会试着让这成为老师和每一个孩子个别互动的特别时间。

老师也会定期让学生带书回家,并鼓励家长主动和学校合作,在家中留出一段安静的时光规律性地进行亲子共读。能够单独占有一个大人的全部注意,可以帮助孩子发展自信心和安全感。而团体阅读的时间,也就是所有学生一起坐在地毯上听老师讲故事,也是让教室成为适合孩子识字阅读的环境的一个要素。

> **贴心小叮咛**
>
> 养成阅读习惯不单是学校的责任,如能家校配合,在家里也养成亲子共读的习惯,是最佳的阅读学习策略。

利用影片协助阅读

很多英国学校在教导阅读与书写时,都会利用英国广播电视网的《看与读》系列节目作为辅助,该节目一共十集,为团体讨论提供了充满想象力的基础。不同于其他传统的电视节目以广告作为每个段落之间的分段,这个系列点缀着一些非直述的方式,伴着音乐做文字练习。在较为深入的层面,故事介绍且描述了孩子在学习识字阅读时所面临的困难和窘境,而教学辅助的象征性内容特别能激发孩子的兴趣。

在坎贝尔老师的班上,学生们都迫切地想要观看《通过龙的眼》系列片,片中的人物已然成了班上文化的一部分,当中有三位小英雄——珍妮、史考特和阿曼达。在这个团体当中,三人的个性各有优缺点。6—7岁的小观众们马上就可以在这些主人公身上发现和自己相同的地方。故事中的三位主人公本来在老师的监督下,在学校操场的墙上绘制壁画。正当阿曼达给画好的一条龙点上眼睛时,这条龙突然活了过来,变成了真龙,并且把他们三人带入了故事中,到了一个名为潘拉玛的神奇王国。葛温——那条龙的名字——是他们的向导。它告诉孩子们,潘拉玛快要被毁灭了,因此非常需要他们的帮助,因为他们识字,而葛温和潘拉玛王国里的其他生物都不识字。"卫塔可"(一种由火红炙热岩石组成的拥有魔法的物体)之前爆炸了,有三个"卫塔"(组成"卫塔可"的元素)不见了。卫塔可是潘拉玛王国的命脉,由"守护者"看管着,他们拥有一本古老的书籍,书里告诉了他们如何看管卫塔可。很不幸,守护者们轻视了自己的职责,且忘了怎么识字和阅读。更糟糕的是,守护者极尽所能地掩饰着一切疏失,刚开始的时候甚至拒绝了葛温和孩子们的帮助。在葛温的协助下,孩子们着手进行拯救潘拉玛的计划,想要找到遗失的卫塔,并将其放回卫塔可上。

因此,这个故事延伸的寓意是学习如何克服困难。珍妮很大方地承认自己并不是很会识字,接着吃力地读出了卫塔可古籍中的一段重要文字:"卫塔本身并没有任何的魔力,必须与其他卫塔结合才会产生魔力。"

珍妮在脑袋中仔细思考着,然后发现:"我知道了,卫塔就像家一样,他们要像家人一样在一起。"

珍妮发现在自己的心中有一个家庭的模型,可以帮助自己将新的想法组合起来,当面对困难的时候,这便是一种内在资源。从另一方面来看,卫塔就像字母一样,需要组合在一起形成文字和句子，进而传达意思。学习识字阅读就像一种拼图，需要将自己过往的经验逐渐拼凑在一起。

《通过龙的眼》的主人公受托寻找遗失的卫塔，在途中遇到了重重阻挠，增加了完成任务的难度。其中的一些角色代表了孩子自身不想学习的那一面。在故事中，守护者似乎也持一种宁愿不知道的态度，他们不了解学习识字阅读的重要性，或是觉得这件事情太难了，所以放弃了，转而选择认为这一点也不重要。孩子们需要举例说服他们识字阅读是值得的，这是进行沟通的重要手段，帮助你不跟世界脱节。

就像许多童话故事一样，这个故事里也有坏人。这个年纪的孩子由于正在发展道德观，因此对于"好"与"坏"之间的战争相当感兴趣。在故事中，恶魔恰恩因为一心报复和贪求权力而想要摧毁潘拉玛。剧中的孩子们对于恶魔恰恩感到相当害怕，因此需要另寻方法，用智慧骗过坏人。在教室里观看节目的小朋友们有时候也会感到有点害怕，因此在团体讨论中鼓励孩子们说出自己对这个节目的感受很重要。对于这个年纪的孩子来说，可以掌控某种程度的恐惧可能会激发他们创造出相当有创意的成果，通常是五颜六色、生动活泼的艺术创

> **贴心小叮咛**
>
> 对于这个年纪的孩子来说，可以掌控某种程度的恐惧可能会激发他们创造出相当有创意的成果。而有效的学习常常也跟克服恐惧有关。

作,而且这些都会被布置在教室里,当作学习成果的一部分。有效的学习常常跟克服恐惧有关,孩子会在不同的时候练习类似的技巧,例如,描绘或缝制"恶魔恰恩"的手偶,还有和其他人分享关于怪物、火龙和危险坏蛋的故事。

当故事描绘出了6—7岁孩子的想象世界时,例如葛温的故事,他们就会对写作和阅读产生兴趣,也会喜欢跟朋友闲聊这些故事里的人物和情节。这个年纪的儿童喜欢对大人读给他们听的故事进行改编,即使还没有识得书中的每一个字,孩子也常常会翻着故事书,跟着插图,描述自己重新编造的故事情节。相较之下,若孩子们太专注于技术技能,就会很难将这些故事情节串联组织起来,然后就会觉得无聊或是感到挫败。另一方面,大人可以在孩子的阅读发展上给予很大的帮助,除了帮助他们学习技巧之外,还可以鼓励他们提出自己的思考和想法。如此一来,书籍便营造出了一个有意义的世界。

为什么孩子会有阅读困难?

阅读牵扯到整体的个性问题,同时,担心长大等感受在这一过程当中也扮演着重要的角色。举例来说,乔什是班上身材最高大的,但他的年纪较小。他常常绷着一张脸,经常向老师告状,说其他人如何欺负自己,却不愿意将心思放在自己的功课上。事实上,只要班上发生了什么事,都会有他的一份。乔什一点也不想要和老师一起朗读故事书,他似乎觉得老师会批评自己,而非鼓励他阅读。在一次家长会中,乔什的老师提出了这些问题和家长讨论。乔什的爸妈很友善,并表示他们也发现在家里很难控制乔什的情绪性行为。妈妈会拿他和3岁的妹妹金姆做比较,显然较为偏爱妹妹,认为妹妹比较乖巧听话。他们表示,乔什在年纪小一点的时候也曾是一个令人怜爱的孩子,而爸爸现在担心的是,要是乔什现在不用功读书,以后就会找不到好工作。老师发现,乔什的父母在跟乔什说话时,似乎把6岁的他当作了年纪更大一些的小大人,而他高大的身材也让其他人误以为这孩子可以承担更多的责任。

在这次会谈中,乔什的父母开始发现孩子可能承受了很大的压力。学习识字阅读在乔什的心目中变成了不那么有趣的活动,也让爸妈不再那么喜欢自己,他看不出进入大人的世界到底有什么好处。学校给乔什的父母提供了一些方法,来帮助他们多鼓励乔什。乔什也被安排到学校里的一个较自由且人数较少的团体当中。一旦乔什的困难得到重视与理解,他在阅读识字和其他偏差行为上都逐渐有了改善。

有些儿童因为无法信赖权威者,而觉得阅读识字是一件很难的事。他们很想要成功,却不想忍受由别人来教导自己。不认真专注在课业上,反而表现得"颐指气使",指使其他小朋友做这做那,都是学习障碍的表现。苏西很喜欢假装当老师,不肯认真地听从指示。她的问题是喜欢和大人对抗，苏西想要不经由别人教导就"知道"，并且觉得自己被困在7岁的躯壳里相当难受。她阅读识字的能力相当不足，但要是有人加以纠正，苏西会很难过，而且觉得对方是要贬低自己。苏西蛮横的态度也让她在交友上遇到了困难。她的老师在一次家长会谈中发现了苏西家中的问题。苏西生活在单亲家庭中，生活让妈妈疲于奔命，而苏西在家中是妈妈的好帮手。苏西和妈妈接受了当地儿童与家庭社会福利机构的帮助，在一段时间的定期咨询之后，两人的状况都有了相当大的进步，苏西不只成了一个喜欢阅读的学生，也开始结交新朋友了。

若孩子本身较为害羞，学习阅读识字的过程也会较为困难。艾玛是一个非常害羞的6岁小女孩，她不太能够分辨字母b和d。这个年龄的孩子常常会在这里发生混淆。谭老师教了艾玛一个方式来记住这两个字母，要她想着英文单词bed，字母b是靠左边的，而d是靠右边的，这样组成的字才有床的形状。艾玛看起来还是很困惑。当老师问她哪里不理解的时候，艾玛小声地说："我不懂。"她指着字母e说道："这个不好。"谭老师不太明白艾玛到底想要说什么。但在这之后，谭老师参加了一个研讨会，主题是儿童的情绪发展。在会中，谭老师将这段奇怪的对话跟大家分享，大家认为艾玛可能认为e代表她自己（Emma），而她可能对于自己处于中间的位置有一些想法。之后，当谭老师有机会和艾玛单独说话时，老师问了她到底是怎么一回事，此时艾玛可以解释原因了。那是因为晚上当艾玛感到害怕的时候,会想爬上父母的床,挤在爸妈的中间,但总是会被送回自己的房间。这个案例显示,对孩子而言,字母和单词有时候代表某种个别的和私人的意义,是一种表达心中的所思所想的方式。

> **贴心小叮咛**
>
> 孩子不喜欢阅读的原因千奇百怪,大人们必须耐心地抽丝剥茧,找出问题的核心,才能真正地解决问题。有些跟内在情绪有关,有些跟家庭环境有关,真正符合医学诊断的阅读障碍者其实并不多。

第六章

孩子在担心什么？

在本章当中，我们会探讨这个年纪的孩子可能会有的焦虑，如罪恶感、担心爸妈感情不好、害怕床底下有怪物、对情欲的好奇、长大之后会像谁等各式各样的担忧。

也会讨论家长在这一时期所关心的事情，包括孩子对食物的选择、电视和电动玩具的诱惑以及陌生人的危险。

为什么"公平性"对6—7岁的孩子来说那么重要，而他们又为什么要讲会令人尴尬的笑话，甚至玩恶作剧呢？

答案都在本章里。

长大是一件令人困惑的事情，就如同我们在6—7岁孩子身上所看到的，他们正在快速地发展自己的技巧和能力，这些能让他们以更恰当的方式参与成人的世界，不过也会带来许多不确定性。这是一种自我矛盾，在我们的生命历程中还会不断地遇到，知道得越多，就越清楚我们所知的真的太少了。更让人困惑的是，知道得越多，就越希望自己什么都不知道。7岁的孩子正要利用才刚刚学习到的识字、社会意识和抽象思考的能力，来认识了解周遭的事物。他们可能觉得自己可以掌握事情的时候变多了，但他们不成熟的那一面也很容易出现。有时候，当过于害怕对自己而言太困难的状况时，也会让孩子感到退却，且会以难以理解的焦虑展现出来，而令父母感到困扰。在这一章中，我们会探讨这个年纪的孩子可能会有的焦虑感受的某些特征，也会讨论到家长们所关心的典型问题。

罪恶感

这个年纪的孩子开始担心心中的妄念会伤害他人，或是对大人的指示阳奉阴违所造成的压力，因此罪恶感也会在此时变得较为明显。在一个夏日傍晚，在本部分第二章里提到的娜汀正在和已是青少年的同父异母的姐姐玩水枪,她眼角的余光瞄到一只不寻常的飞蛾伪装成了一根小树枝。姐姐开玩笑地说那是从外层空间来的外星人,假装要用手中的水枪把它给射下来。娜汀大叫起来,把姐姐的话当真了,拿着自己的水枪,拼命朝那只飞蛾喷水,直到把它射下树头为止。但过了一会儿,娜汀感到相当自责,她试着用落叶支撑住飞蛾的身体,但是没有成功。情绪稍微缓和后,娜汀冲进家里,告诉了妈妈事情的经过,一边啜泣,一边害怕地说道:"飞蛾国王现在会来把我抓走。"

幸好,妈妈能够正视娜汀的担忧,她们一起去检查那只受伤的昆虫,发现它已经没事了,这让娜汀松了一口气。

我们不确定娜汀说到飞蛾国王的时候心里到底在想什么,但她相信一定有什么会报复自己,来惩罚自己的行为。父母并不是那个会报复自己的人,但会受到惩罚这件事很清楚地存在于她的想象世界中。娜汀露出了感觉有罪的模样,虽然不确定她为什么会有这样强烈的罪恶感。很多这个年纪的孩子对于"爬行动物"相当的热衷,并会利用想象力将其变成"吸血鬼""黏黏的怪物"等东西。如此一来,他们便可以将自己恶意卑劣的感受抛弃掉,转嫁到这些不幸的生物身上,因为这些生物对他们而言,是相当恐怖和吓人的。就某种程度来说,孩子还蛮喜欢被小怪兽惊吓的感觉的,如此他们就可以学着掌控由其他未知事物所引发的恐惧。然而,在这个案例当中,娜汀的担忧是关于自己具有毁灭意图的感受,但这样短暂的情绪超过了她可以控制的范围。娜汀知

> **贴心小叮咛**
>
> 为什么小孩爱听鬼故事又怕鬼呢？其实就某个层面来说，孩子还蛮喜欢被惊吓的感觉的，因为从中可以学习如何控制因未知的事物所引发的恐惧。不怕，就表示更接近大人了。

道爸妈正在讨论要不要再生一个小孩，当她攻击飞蛾的时候，心中充满了对同父异母的姐姐的妒忌，以及可能要面临与新的弟弟妹妹竞争的想法。类似娜汀这样的非理性焦虑其实在这个年纪很常见，他们会因此对很多事物产生担忧。

"爸爸和妈妈还好吗？"

若孩子可以直接用口语进行表达，焦虑就不太可能产生，但偶尔还是会有难以表达的时候。孩子们已经知道父母不是全能的了，便会针对爸妈较为脆弱的部分表示多一点的关心。单亲家长或有冲突存在的父母常常会让较为敏感的孩子替他们担心。在生命当中的每一天，难免会有一些临时的小问题，只要让孩子基本上还处在一个受疼爱和被需要的环境中，让孩子们看着父母应对各种难题，对他们来说是无伤大雅的。相反，我们不可能完全保护孩子免于身陷逆境。但是孩子们是相当敏感的，会注意到情况可能不太顺利，所以最好是在适当的时候让他们知道目前所面临的难题。

"我会像谁一样？"

小男孩在这个年纪会寻找男性角色的榜样，并且思索自己的男性特质及将来会成为什么样的男性？无论基于什么样的原因，若男孩在长大的过程中身边缺少父亲一角，就会通过母亲来探索男性应该是什么样子的。因此，若母亲对孩子的亲生父亲有负面的评价，并向儿子灌输这样的想法，对孩子来说，就更难了解男性应该是什么样子的了。他们会担心自己长大之后变得像妈妈所诋毁的父亲一样。在这种时候，无论是其他的家庭成员，还是给予母亲支持的朋友，若是有能扮演好父亲榜样的男性，对孩子会有很大的帮助。对女孩来说，或是对身处单亲家庭中的孩子（无论男女）来说，同样的状况也会发生。当儿童必须生活在寄养家庭或领养家庭里时，通常是因为原生家庭发生了很严重的问题，因此孩子会更敏感地担忧自己以后会像谁这个问题。在儿童的身份认同上，无论原生父母是住在一起的还是分开的，甚至生殁与否，他们仍具有很大的影响力。即使孩子并不认识在自己生命中缺席的那位家长，仍然会对这个角色有自己的想法和揣测。然而，若不过于事无巨细地进行解释，而是很直接地回答孩子的疑问，对他们将会相当有帮助。但是很重要的是，家长也

> **贴心小叮咛**
>
> 这个年纪的孩子会开始寻求角色榜样,很担心自己以后会像谁。虽然基因的确会影响个性,但生命中的经验才是塑造个性的主要推手。

需要知道,每一个孩子都是独一无二的,基因的确会影响个性,不过生命中的经验才是更重要的。

对情欲的好奇

7岁的艾米很喜欢玩芭比娃娃:帮她们换衣服、梳头发,带她们在自己的想象世界中逛街和开茶会。后来,姨妈送了她一个叫肯尼的男芭比娃娃,来丰富她的芭比娃娃收藏,但她不太确定要如何把肯尼纳入自己的故事,她觉得男孩和女孩可能会去迪斯科舞厅跳舞,然后接吻,并做一些她怀疑爸妈在晚上会一起从事的活动。于是艾米决定脱掉肯尼的裤子,希望可以解开这些秘密。她很失望地发现,肯尼并没有阴茎。现在,艾米觉得肯尼很讨厌,因为是他让艾米想要去探索那些让自己很疑惑的事物的。她决定让肯尼以一种很不一样的方式参与自己的游戏。艾米用绷带紧紧地把肯尼包起来,并决定让他扮演埃及木乃伊的角色,就像自己在学校学到的一样。当艾米把肯尼层层包裹起来时,也象征着她想要掩饰对于情欲的好奇心。艾米把肯尼包起来,放进抽屉里以后，便完全忘记了他的存在，然后她又可以回头和其他女芭比娃娃们举行茶会了，不再会受到任何打扰了。

艾米就像其他在这个年龄的孩子一样，对于跟两性有关的事物既感到好奇，又排斥厌恶。她跟母亲特别要好，且相当妒忌爸妈之间的关系，因为他们的关系将自己排除在外，并导致了妹妹的出生。虽然艾米很喜欢看青少年的电视节目，比如流行歌曲排行榜，其中有很多节奏强烈、令人兴奋的舞蹈和歌曲。她本身正处在一个阶段，已经不像一年前那样喜欢裙子了，反而只穿裤装。虽然艾米知道自己距性成熟还有一段遥远的距离，但她似乎在试着阻止自己对这件事的认知，就像肯尼一样，生理发展尚不足以让她进入成人的情欲世界。艾米对于可以把自己想要参与的渴望暂时放到一旁而松了一口气。在和芭比娃娃的游戏当中，她把对两性情欲的兴趣转移到了和学校相关的事物上。埃及木乃伊来自很久以前的遥远国度，至少在这个时候，6—7岁的孩子还是会让自己和充满激情的渴望保持一段距离。

换句话说，孩子对于父母之间以及其他伴侣之间的关系会感到相当好奇，这类关系看起来相当刺激，而且会在操场上玩的类似"亲吻—追赶"游戏当中展现出来。他们特别感兴趣的是用来巩固大人之间亲密关系的温柔和关爱的感觉，特别是他们在家中所感受到的父母之间的那种感觉。孩子自己可能会发展出以一种真诚的态度爱慕着某个"甜心"。在一本由弗里达·温尼斯基（Frieda Wishinsky）和尼尔·雷顿（Neal Layton）所著的《珍妮

> **贴心小叮咛**
>
> 6—7岁的孩子对情欲和两性相关的事情既好奇又排斥厌恶。

弗·琼斯不会抛下我》(*Jennifer Jones Won't Leave Me Alone*)的小书中,就广泛地探讨了相关的主题,书中以感人的方式描述了两位同学之间的恋情。

厕所幽默与焦虑

孩子们现在比较能够打理自己的个人卫生了,我们会希望他们绝大多数时候能自己解决。如果说吃东西是一种社交的和公开的过程,上厕所则是较为私密的。对于这一部分,我们希望越省事越好。这个年纪的孩子越来越能理解什么事情是一般社会大众可以接受的,什么事情会被称作没礼貌的。但后者对孩子来说,显然具有一种无法忽视的吸引力。当我们谈论到较为孩子气的幽默时,通常指的是和生理相关的。

很多受欢迎的儿童节目会探讨孩子喜欢的议题。举例而言,《报复》(*Get Your Own Back*)是英国的一档问答节目。在节目中,由孩子来

> **贴心小叮咛**
>
> 孩子喜欢开生理方面的私密玩笑,这有可能是他们处理焦虑的一种方式。请不要先急着骂孩子,了解情况后再说。

提问家长，要是家长没有答对，便会掉到一个看起来像是装有胶状秽物的大水缸中。孩子可以通过私密的生理功能来获得拥有控制权的感觉，且进一步了解尴尬的感受是什么。

拐骗祖母坐在会发出放屁声的坐垫上是多么有趣的一件事情啊！不过，这样的幽默在某种程度上与焦虑有关，儿童总是担心自己搞砸事情或被取笑。因此，故意做出让祖母出糗的夸张行为可能是他们处理焦虑的一种方式——通过捉弄别人，来让自己站在一个安全的距离内，正视自己的焦虑感受。还好，祖母们通常都还蛮有幽默感的，不会和小孩计较。

床底下的怪物

上床睡觉意味着放手，孩子们相信大人可以在自己睡觉时将一切都打点妥当，于是才会让身体和心理放松下来。但若是孩子的情绪受到干扰，无论是何种原因，上床睡觉都会变成短暂的分离，需要做一些准备工作。许多6—7岁的孩子在睡前会发展出固定的仪式，来消除焦虑。艾里要求爸爸在他每天准备上床睡觉前都查看一下床底，看看有没有怪兽躲在下面。这已经成了每天都要进行的例行公事。有些孩子会要求打开窗帘，直到他觉得透进来了足够的光线；或相反地，有些孩子会要求让房间暗一点。另外，还有一些孩子很在意自己该如何裹进被子里。有一个小时候际遇坎坷、如今住在领养家庭的7岁孩子,他坚持晚上睡觉的时候都一手紧握住绳子的一头,绳子的另一头则要握在睡在另一个房间里的养母手中。孩子认为这样一来,如果自己做了噩梦,只要一拉绳子,妈妈就可以马上来到他的房间。晚上的时候,便是担忧涌上心头的时候,特别是有关失去的恐惧,还有因自己不好的念头或偏差行为而怕有人来报复。

> **贴心小叮咛**
>
> 夜晚是担忧涌上心头的时候,特别是有关"失去"的恐惧,还有因自己不好的念头或偏差行为而引来的对于遭到报复的担忧。

一个固定的习惯和某些睡前仪式是相当有帮助的,可以让孩子放松,并准备睡觉。事前商议好的上床时间可以减少因为觉得父母专制而引发的争执,刷完牙后要洗澡也是仪式的一部分。电脑游戏,尤其是那种刺激兴奋的、有竞争性的游戏,会让孩子的情绪更为激动,进而让上床睡觉变成一件相当困难的事情。一起读故事书或听故事音频则有镇静和舒缓的效果,可以让孩子准备进入睡眠状态。儿童常常想在就寝时间谈论他们心中正在思考的事情——学校里的议题、朋友或在想象与现实之间所混淆的事情,像娜汀和飞蛾国王。花几分钟时间认真听一下孩子想要讲的事情,无论内容是什么,即使有些事情还蛮无关紧要的,内容又很冗长,也都是他们当下感到困扰的。就如同我们所看到的,这个年纪的孩子无法每一次都以相当具逻辑性的方式来传达自己的感受。不过，要小心孩子通过这种战术来拖延睡觉时间，必须要让他们知道，爸妈会坚持原则，且公平地执行约定好的睡觉时间；若有需要，即使话还没说完，爸妈也会转身离开。

当要"关灯睡觉"时，孩子有时所关心的其实是爸妈的心情状态；有些时刻，家长确实也会感到特别脆弱。但无论如何，都要让孩子知道，至少有一位大人是可以关心孩子的，而不用反过来让孩子担心爸妈。

一旦建立起了良好的常规仪式，上床睡觉大概就不会是麻烦。在这个年纪，孩子通常会知道噩梦只是梦的一种。儿童长时间地做噩梦和失眠是很少见的，倘若持续了一段不短的时间，建议咨询一下家庭医生，以便把孩子转介给儿童咨询机构或其他类似的机构。

"不公平！"

在生活中遭受了一定的挫折时，孩子通常会迁怒于爸妈，并把"不公平"挂在嘴边。若是认真倾听，我们就会发现其中不仅是任性抱怨。在6—7岁这个阶段，孩子会开始探索了解这个世界中较难以理解的部分，除了让爸妈来当他们表达意见的实验对象，还有谁能够帮助他们忍受这些痛苦的事实呢？如果家长能够了解孩子此时正挣扎于某些难以处理的想法中，也就能比较理解

> **贴心小叮咛**
>
> 在6—7岁这个阶段,孩子会开始探索并了解这个世界较难理解的部分,除了由爸妈来当他们表达意见的实验对象,还有谁能够帮助他们忍受这些痛苦的事实呢?

孩子认为不公平的感受了。

首先,孩子们会发现自己和爸妈以及和年纪较大的儿童不一样,他们必须忍受自己还无法熟练掌握很多事情。事实上,哥哥姐姐们会做的事情比自己多得多,这的确是一件难以忍受的事情。举例来说,母亲节那天,莱恩的哥哥姐姐决定把早餐拿到楼上给妈妈吃,莱恩想要负责烤吐司,还想把装着早餐的餐盘拿上去,但哥哥姐姐说他可能会在使用烤面包机时烫伤自己,或在楼梯上打翻茶壶。孩子们吵了起来,闹到父亲得介入调停,莱恩抗议着说:"你们什么都不让我做!这一点都不公平,妈妈会喜欢我烤的吐司的。"莱恩相信妈妈比较喜欢哥哥姐姐,因为他们在准备早餐的这件事情上,比自己更像大人。事实上,哥哥姐姐的能力太强了,让莱恩觉得自己是多余的,一点也帮不上忙。爸爸为了安抚莱恩,建议由他拿母亲节的卡片给妈妈,但莱恩还是心情不好,一直到妈妈分了他一片吐司,他才觉得好一点。有可能是因为莱恩了解到事情都恢复了原状,自己也松了一口气。毕竟,应该是由母亲来喂孩子,而不是由孩子把食物拿给母亲。就像很多6—7岁的孩子一样,莱恩想要参与家中的事务,但当兄弟姐妹之间出现了某些差异时,很容易产生不公平的感受。

在这个时期,生命中有很多难以理解的事实,会让孩子觉得不公平,比如人会死亡就是其中之一。慢慢地对于时间的流逝有了更多的理解之后,孩子们会开始认识到自己所爱的人也会老去,他们渐渐知道父母和祖父母的生命长度是有限的。从另一个层面来说,同一个班上的同学们的学习速度也不尽相同;或同一个家庭中的孩子们所需遵守的上床时间也不太一样;有些家庭买得起孩子想要的每一件玩具,有些家庭却无力负担。不公平的事情比比皆是,无法尽数。尽管如此,我们这些对于广阔世界有较多理解的大人也知道,6—7岁的孩子所懂的事并不多,他们尚未见识政治上的不公及社会上的不平。

孩子抱怨的原因主要是他们认为事情应该是公平的,然而他们理所当然地期待着的某些事物却被剥夺了。这些都是获得广泛理解的一部分,在这个年纪,无论我们多么希望能够一切简单化,能有清楚的规则和可预期性,生命仍是如此令人困惑。家长无法让世事公平,但在人与人互动时心怀公平的原则,便能够帮助孩子了解事实,并且明白自己需要很长的时间才能够

> **贴心小叮咛**
>
> 家长无法让世事公平,但在与人互动时,心怀公平的原则能够帮助孩子了解事实,并且明白自己需要很长的时间才能够长大,才能学会和体会更多事物。

长大，才能学会和体会更多事物。

家长的担忧

食物

食物象征家长给予孩子的爱与关怀。在孩子小时候，喂食这件事情大多在大人的掌控之下；现在，大人的管控已渐渐减少。现在有许多的担忧是关于学校提供的食物质量的，关于儿童电视时段播放了太咸、太甜、过于油腻的食物广告，以及同伴团体有关饮食的压力。在很多西方国家，肥胖是一个严重的问题，家长要如何才能维持孩子的健康？有一个重要且必须考虑的因素是，要孩子对食物做出正确的选择是有困难的，因为他们经常想要和其他同学一样。很多学校都提供了"健康"的食物，但要孩子去挑选这些健康的食物似乎不容易。有些家长为了避免这样的情况发生，会送饭去学校。孩子会有一阵子偏好吃外卖，之后又会想要改吃学校提供的午餐，过了一段时间又换回来，完全看他的朋友们当时偏好什么食物。这个年龄的孩子会突然决定不再喜欢西兰花、西红柿或其他原本喜欢的食物了，通常这都关系到对某些权威的人事物的对抗。凯斯·格里格（Kes Gray）和尼克·雪瑞特（Nick Sharratt）所著的《把豆子吃掉》（*Eat Your Peas*）是一本描述了孩子执着于食物的有趣故事书。在故事当中，一个孩子拒绝吃掉盘子里她不喜欢的豆子,但是妈妈不停地拼命搞笑地威逼利诱她把豆子吃下去。书中有一幅插图,是妈妈展示自己戴着看似由豆子做成的耳环和项链,暗喻母亲在某些方面是有所限制的,而这些限制是孩子觉得"难以下咽"的。在故事的最后,母女两人终于达成了双方都乐于接受的协议,其中的寓意很清楚,即有时候家长可能过于关心孩子应该吃某些食物了。事实上,当看到家人都愉快地享受着食物,且觉得用餐时间不是这么紧张时,孩子对于食物的爱好也会随着时间有所调整。

> **贴心小叮咛**
>
> 食物象征家长给予孩子的爱与关怀,但这个阶段的孩子大多会受到同伴的影响,在食物的选择上,不能尽如家长的希望。但愉快的用餐气氛和开心地享受食物是不是比强迫孩子吃某种食物更重要呢?

电视、电脑与电动玩具

电视上的确有些针对这个年纪的儿童而制作的优秀电视节目,在辛苦的一天结束时,观赏这些节目的确是很好的放松方式。"节目分级"的观念能够帮助孩子们善用遥控器上"关"这个按钮。看太多的电视就没有时间从事其他的活动了。的确,也有很多为儿童设计的好玩的电脑游戏和杰出的网站,都很有趣且富有教育意义,能够帮助儿童加强相关技巧。但另一方面,因为电脑游戏提供了即时的奖励并设置了无止境的挑战,提供了过多的刺激,容易让孩子们招架不住。一个妈妈就发现,7岁的儿子如果玩掌上游戏机超过半小时,似乎就会较不耐烦,脾气也较为暴躁。简单来说,家长需要主动引导,帮助孩子们使用这些媒介。爸妈需要更加小心有线电视的节目内容,其中有太多与暴力、恐怖和性欲相关的议题。网络也一样,孩子们有太多机会不小心点入不适当的网页。将计算机上锁和设置拦截以阻止孩子前往不该看的网站会有很大帮助。

> **贴心小叮咛**
>
> 将计算机上锁和设定拦截以阻止孩子前往不该看的网站,是父母可以防止孩子沉溺于网络虚拟世界的方法之一。

> **贴心小叮咛**
>
> 陪孩子看电视,既可以控制时间,过滤掉不好的电视节目及做出适当的解释与引导,还可以增进亲子间的感情,何乐而不为呢?

独立与危险

随着孩子展露出越来越独立的愿望,家长便会开始担心他们的安危,以及要如何在这危险的世界中保证他们的安全。这个年纪的儿童会在大人的看管下学着自己过马路,但识别来往车辆的速度对他们而言仍是相当困难的。家长们通常也会担心类似的险恶的情境,自然而然地提醒孩子不能和陌生人接触的重要性,包括拒绝陌生人给的糖果,或是陌生人说要顺道送他回家的提议。如果孩子在日常家庭生活当中就能观察到其他人很认真地看待"不"或是其他形式的拒绝,那么到了6岁,他们就会清楚地知道自己喜欢和不喜欢的事物。同样地,孩子在这个时候若是拥有足够的安全感,便会了解肢体上的接触在家庭成员之间是恰当的,但和陌生人之间的肢体接触则是不允许的。我们难以判断,对孩子来说,现在的社会是否比以前危险,但大众逐渐意识到了社会当中潜藏的危险。若成人能适当且事先地提醒孩子,他们就会更加平安。

> **贴心小叮咛**
>
> 当孩子开始展露想独立的愿望时,父母该如何安心地放手?家庭平时良好的互动及事前的提醒警告和演练对孩子都是有帮助的。

总　　结

庆祝成长取得的成绩及迈向下一个阶段

随着暑假的来临,学校的年度课程也即将告一段落,此时便是验收这一阶段的发展成果以及思考未来方向的时候。在英国,7岁儿童在夏季学期开始之时会参加全国学力测试,以检测学生的能力是否已达到所期望的标准。虽然所有的学校都在很低调地处理这件事,但这个测试结束后,所有人都可以松一口气,并将其抛诸脑后。

接下来便是庆祝在这一年中所取得的成绩的时候,有许多的年度成果发表会、夏季节日和庆祝活动等。

夏季成果发表会是一个欢乐有趣的活动,每一个人,包括老师、学生和家长,都各司其职、铆足劲地策划和排练。制作色彩缤纷的戏服,编排歌唱和舞蹈以及编制音乐,期望能够带来绝佳的娱乐演出。

这个机会可以让儿童们大放光彩，让身为观众的父母及家人替孩子感到骄傲。许多的照片和录像为家长和儿童见证了这个值得纪念且值得一辈子珍藏的时刻。

坎贝尔老师的班级所表演的节目改编自班上的孩子们最喜欢的团体作业——"潘拉玛又有麻烦了"。节目中融入了他们最喜欢的角色，以歌舞剧的方式带领着观众到了许多地方去寻找遗失的"卫塔"。安卓拉参与了在沙漠中的一幕，他们需要骑在骆驼上唱歌，接着是盖瑞和米娜，他们将在计算机的奇幻世界里扮演其中的角色。他们像计算机桌面玩偶一样穿着毛茸茸的戏服表演类似杂耍的舞蹈，包括把圆滚滚的不倒翁变成一个厚脸皮多话的乐器。薇瑞拉的角色则置身太空的场景，穿着银色的戏服，像太空漫步般迈着大步缓慢地走着。同时，卡罗心无旁骛地专注在自己的任务上，轮到他时，他开始弹奏打击乐器。莱恩一直在练习大声且清楚地朗诵旁白。在这一天，一切的努力都有了完美的成果。最后的结尾是一段有趣的大合唱，《穿越过每座高山》将整个表演带到了最高潮，观众们脸上闪烁着诚挚的笑意，泪水在眼眶中打转，给予了孩子们潮水般的掌声，久久不停歇。

一旦成果发表会的兴奋感逐渐消退，还有一段时间可以从事一些让孩子们较容易适应下一阶段学校生活的重要工作。7岁的孩子们知道很快就要和老师道别了，并且准备面对下一个学习阶段的改变了。在英国，从低年级当中最年长的孩子变成中年级里年纪最小的孩子的过程，会让孩子们觉得相当受挫和沮丧。这代表着老师对自己的期望会有所改变,或许也会有一些额外的优待。很多学校都会很贴心地协助孩子们顺利度过这个转折期。

在坎贝尔老师的班上,每一位小朋友都收到了来自下一学期即将就读的年级的同学写的一封信,告诉他们中年级和低年级有哪些不一样的地方,又有哪些相同之处。莱恩收到了路克所写的信,路克说他们中午有社团活动,可以学习玩国际象棋,可以用油笔写字,不再需要用到铅笔,而且有一个全新的图书馆是中年级以上的学生才可以使用的。但缺点是,中年级的功课比较多,如果太顽皮会被罚课后留校,而且第一堂课开始的时间比低年级早5分钟。这些信息很清楚地告知了莱恩未来要忙的事情越来越多。低年级的同学们也很有礼貌地回了一封谢函给对方,并且在团体讨论课中进行了讨论,和大家分享了自己对于中年级的生活有哪些期待,以及不希望遇到什么。之后,坎贝尔老师带着他们参观了中年级的教室。

无论是这样的方式,还是其他更有效的方法,都是为了让孩子准备好再向前跨出一步。但有些孩子觉得,要告别原有的生活,离开在低年级时所培养出来的安全感,并且和从来不会把自己留校察看的亲切的老师说再见,是相当痛苦的。

在本部分,我们试着打开了一扇全新的大门,以充实我们对六七岁孩子的生活世界的理解,所以有些话到最后是要告诉他们的。莱恩在暑假的时候仔细地思考了自己在生活及内在的改变,他问妈妈是否可以使用她的笔,他想写一个故事。莱恩在写这个故事的时候，明显是在思考要如何成长和长大，故事的名字是《瓢虫身上的点点》：

> 从前有一只瓢虫叫汤姆，
> 它是一只相当友善的瓢虫。
> 有一天，这只瓢虫去拜访它的爷爷，
> 爷爷告诉它，当它身上有一个点时，它就可以跳跃，
> 当它身上有两个点时，它就可以去游泳，
> 当它身上有三个点时，它就可以爬到很高的地方，
> 当它身上有四个点时，它就可以把东西变不见，之后却出现在其他地方，
> 当它身上有五个点时，它就可以骑一台有着黑点点的自行车，
> 当它身上有六个点时，它就可以和人类对话，
> 当它身上有七个点时，它就可以跳绳，
> 当它身上有八个点时，它就可以长命百岁，
> 所以汤姆有很棒的生活。

这就是莱恩在进入8岁时所希望的，故事表达出他希望在下一个学年，自己也能过上"很棒的生活"。

—— 第二部分 ——
蓄势待发的酷家伙

8—9岁的儿童

比迪·尤埃尔(Biddy Youell)

引　言

在人生的第八年到第九年之间有什么不一样的地方吗？家长和老师应该对这个年纪的孩子有哪些期望呢？ 8岁的孩子和10岁的哥哥姐姐或是6岁的弟弟妹妹们到底有哪些不同呢？

单看一岁的差异，当然不够精确。即使同样是8岁或9岁的孩子们，在生理、心理和情绪上的成熟度也不尽相同。在这个刚满8岁但不到10岁的年纪，每一个孩子都会面临许多的变化和重要的成长。无论是从家长、亲戚、朋友和专业人士的角度，本书会呈现大多数孩子所经历的状况，以衡量我们所知道的8—9岁孩子的模样。还会描绘在这个年纪所谓"正常"的特色，每一章节都会讨论一些复杂的因素，以及儿童在经历和发展过程中的变量。

这个年纪被称为"潜伏期"，这个阶段的孩子们稍微中断了他们早年的躁动和激情，而将注意力转移至外面的世界。当孩子开始与家庭以外的世界建立关系，以及面对新的任务和挑战时，对于家庭的依赖会持续地减少。学校在过去3年来都是他们生活的一部分，但在这个时候，从某些角度来说，学校变得更为重要了。在英国，孩子在7岁的时候从小学低年级进入中年级，这可是求学过程中很具意义的一个转折点。

对于自我认同的疑问已不只局限在家庭生活之内，孩子不仅是爸妈的孩子，还是一个单独的个体，他们会以更为复杂的方式来定义自我。孩子不只会用名字来描述自己，还会以就读的学校、年级、居住的地区、最喜欢的足球队甚至是交友圈来描述自己。

若一切顺利，孩子可利用在早期经验中建立起的稳定基础，在"潜伏期"的这几年当中练习掌握新技巧并积累知识。在儿童逐渐了解这个世界的同时，偶尔也会造访一下自己的想象世界，那个神秘奇幻的国度。他们正在发展对与错的观念，且可能非常专注于是非公平的议题，认为这个世界充满着"好的"和"坏的"，并强烈期盼故事有一个好的结果，比如，好的一方最后战胜了坏的一方之类的圆满结局。例如，在这个发展阶段，孩子们对于像保护濒临灭绝的生物之类的议题非常有兴趣，且对如节约能源和资源回收等环境保护措施展现出了无比的热情。他们需要相信自己是可以改变社会的，当发现生命当中还有一些较为残忍的事实时，会产生窒息感与无力感。

这个年纪的孩子会热衷于收集物品，它们代表着某种叛逆和竞争的元素，也让孩子们有机会发展协商沟通的技巧和练习评估事物的相对价值。孩子对于获得奖牌或贴纸有着热烈的回应，在获得奖励和认同时，会感到兴奋和高兴。

8—9岁的孩子在生理的发展上有着极大的不同，有些孩子的身高已经开始快速增长，看起来就像是即将迈入青春期了。其他的孩子则还脸蛋圆圆、稚气未脱。到了9岁的时候，有些女孩可能已经迎来了月经初潮。虽然生理上的成长可能和情绪上或心理上的发展并不同步，但对绝大多数孩子来说，这个年纪是男孩和女孩均会选择与同性交朋友，而自觉无法忍受异性的时期。

接下来的各章会探讨8—9岁孩子在各方面的发展，当中所描述的案例来自不同的家庭、团体和学校，为了保护当事人，所有的名字和细节均已进行过修改。

第一章
家庭的转变

本章的内容极其丰富，探讨的层面非常广泛，从孩子与父母、兄弟姐妹、祖父母到其他亲戚之间的互动开始描述，并深入探讨了每段关系背后所隐藏的问题与意义，对情绪的剖析尤其精确。

本章提及了现今家庭的各种组合类型，包括单亲家庭、双亲家庭、寄养家庭、领养家庭、同性恋家庭等，以及这些家庭类型对孩子造成了什么样的影响？

何谓"正常"的家庭？孩子又是如何看待破碎的家庭的？通过真实的案例呈现，我们会更清楚孩子的问题所在。

孩子为什么不再黏我了？

无论孩子的年纪多大，家庭仍然是他们的生活重心，但是在童年中期，我们会看到孩子生活的重心从对家庭的密切依赖慢慢地开始转移。8岁的孩子正在发展他们自己的社交圈，尽管规模可能较小，但已开始减少对父母的依赖和关注，对父母的占有欲也没有以前强了，对其他成年情侣的嫉妒感也减少了。在童年早期，孩子对家长有着热切的依恋。年纪较小的孩子会对父母双方有着紧密的情绪依附，但经历过一段时间后，孩子会倾向占有其中一方，通常是与自己不同性别的那一位。在《3—5岁幼儿为什么问个不停？》一书中，作者对于俄狄浦斯情结这种儿童发展过程当中的正常情绪进行了清楚生动的描述。她描写了一个小女孩每天傍晚都会打扮自己等着爸爸下班回家；有一个小男孩努力霸占车子的前座，让爸爸坐到后座去。在这两个案例当中，孩子都展望着未来等他们长大成人，也会建立成年男女之间的关系。童年早期，这些想象都集中在他们所认识的大人身上，不过一到8岁，这样的俄狄浦斯情结便会松绑。男孩们不再幻想长大以后要娶妈妈当老婆，女孩们也逐渐接受自己是不可能独占父亲的。最后的结果反而转向对自己同性别的家长产生认同感，男孩们认同父亲和其他男孩，女孩们则是认同妈妈和其他女孩。

家长有时候不明白：8—9岁的孩子为什么不再老想坐在爸妈中间了？周日早上为什么不再会想尽办法跑到爸妈的床上，挤在他俩的中间？突然之间，妈妈送孩子到学校大门后想吻别孩子时，他们却扭过头去；当孩子发现爸妈在厨房亲吻时，他们也不再觉得嫉妒，反而是快速地转身离开，还低声嘀咕着"恶心"。孩子对于性别的兴趣比较集中在操场上要选择跟谁一起玩。跟情欲相关的言论则发挥在开玩笑上，或者在和厕所或放屁有关的押韵童诗当中，目的是要尽其所能地大胆、耸动和"肮脏"。这些内容完全跟爱与家庭的观点背道而驰。

> **贴心小叮咛**
>
> 8—9岁属于童年中期阶段，早期的俄狄浦斯情结逐渐减少，这时的孩子从黏着父母的宝宝变成了酷家伙，会在父母想要亲别自己时扭过头去。亲爱的父母别伤心，这是正常的，且总会过去。

当然，潜伏期的孩子可能在不同的情况下必须面对父母之间有性行为的事实。父母的离异也给孩子们带来了许多新挑战，而当单亲家长有了新的恋爱对象时更是如此。对于不想要注意到父母之间的性行为的孩子来说，更常见的挑战便是怀孕和家中新增了小婴儿的情况。以下是发生在山姆身上的事情，而这的确扰乱了这个8岁小男孩的世界。

山姆之前一直待在一个舒服的环境中，同时也是家中的"小宝宝"和哥哥威廉的玩伴。他可以跟着哥哥以及哥哥的朋友们进入公园里的社交圈子；每当事情发展得太快，自己无法承受时，他还可以跑回家中寻求一个安慰的拥抱。他可以选择跟哥哥待在一起，也可以选择留在家中陪妈妈。当妈妈再度怀孕并生了一个妹妹时，山姆的世界彻底被撼动了。他试着像哥哥威廉那样，当一个懂事且生活自理的孩子，却发现要控制自己的情绪几乎是不可能的。他冲着爸爸生气（她下意识地觉得父亲参与了生妹妹这件事），且拒绝了他所给予的额外关注，山姆争夺着妈妈的注意力，特别是在妹妹需要她的时候。他会坚持要妈妈来陪自己写作业，或是当妈妈正要给号啕大哭的妹妹喂母乳时，就会带着受伤的膝盖进门。威廉也想避免看到妈妈给妹妹苏菲喂奶的情形，但他的反应比较像是 10 岁孩子的样子："天呀！我以前没有这样子吧？"

学校和家长联络，并表达了他们的担忧。山姆看起来心情很不好，且很难沟通，也对老师相当没礼貌，似乎很容易因为一点小事就掉眼泪。在家里，山姆试着对妹妹示好，却无法坚持多久。他一会儿给妹妹玩自己最喜欢的玩具，一会儿又抢回来外加偷偷摸摸地掐妹妹一下。妈妈心烦意乱，对于山姆的行为既感到生气，又对他遭受的挫折充满罪恶感。虽然她和先生都很希望再生一个小孩，但她是不是应该缓一下呢？

连续好几个月，事情都不是很顺利，但突然之间，情况改变了。一天傍晚，山姆帮下班回来的爸爸开门，很兴奋地宣布："苏菲今天有喝汤哟，而且是跟我们喝了一样的汤。"爸爸以前也曾一回到家就能得知有关苏菲成长进步的一些状况,可是今天这件事似乎有特殊的意义。它意味着苏菲快可以断奶了。山姆无法忍受的是当妈妈喂母乳时,她和妹妹之间的那种亲密关系,而现在,这个阶段即将结束,苏菲也变成了一个比较有趣的个体,不但有行动能力,也有语言能力。于是山姆可以"原谅"他的父母了,并不知不觉地扮演起了哥哥的角色。

如何与8—9岁的孩子互动?

家长与8—9岁孩子之间的关系有很多种,有些父母开始找时间恢复社交活动、培养自己的兴趣,而让孩子自由发挥,去做想做的事情。老实说,相较于年纪较小时情绪世界的波动起伏,8—9岁孩子的生活其实是比较无趣的。但在另一些家庭当中,这是大人和孩子的世界开始有交集的时候,家长和孩子可以有相同的兴趣,从事相同的活动。这在父子和母女之间尤其明显,但并不局限于这些关系中。有些家庭无论到哪儿都无法分开,而且家长还相当投入于孩子的日常生活需求。许多家长会让孩子也参与一些以往只属于大人的许多活动,如结婚纪念日。这适合那些家长与孩子有着相同兴趣的家庭,而现今社会也较能够接受大人们仍保有儿童潜伏期时的兴趣,特别是一些与技艺或技巧有关的活动。父亲和儿子可能会在电脑技巧上较劲,父亲们很担心自己在这些方面输给了已经会使用电脑的儿子。通常，8—9岁的小男孩都会参与父亲的休闲活动，例如钓鱼；有些也会加入父亲所属的社团，成为年轻的会员。性别差异在此阶段甚为明显，女孩们通常会陪妈妈逛街买东西，在发型和流行的相关事物上培养出了敏锐的眼光。

> **贴心小叮咛**
>
> 认清楚自己是什么样的父母，想经营什么样的家庭。有些父母喜欢有自己的社交生活和私密空间，有些父母喜爱全家人在一起的感觉，或两者兼具，这都会影响你和这一阶段的孩子互动方式。

这些当然都是很典型的情况，并不足以描绘整体的面貌，有些家庭的性别差异不是这么巨大，这些家长们会鼓励孩子从事性别差异较不明显的活动。不过，也还有很多的群体在孩子发展兴趣和技巧时仍会要求必须依循某种文化上非常清楚且固定的模式。

兄弟姐妹的相处模式

彼此互相协助

孩子在家中的排行总是会有很大的影响，一个八九岁的孩子要是排行老大，便会担负起许多家长的责任，但若身为家中唯一的孩子，便仍然会占据家中的"心肝宝贝"的位置。要是八九岁的孩子排行在中间呢？在人生的某些阶段，排行中间会带来一些劣势，但在儿童潜伏期，却有着许多优势。因为中间排行让孩子稍微不那么引人注意，而可以任由他们发展这个人生阶段应掌握的特定能力或技巧；在探索未知领域或忙着积累知识和技能时，可以将一些情绪起伏和强烈的挣扎感受留给正在学步期的弟弟妹妹和处于青春期的哥哥姐姐，自己则慢慢地发展家庭以外的社交关系。

> **贴心小叮咛**
>
> 家中的排行会影响孩子的发展，一般而言，老大会较有责任心，老幺则较有依赖性，排行中间的孩子则较能自由地发展。

若家中有两个以上的孩子，兄弟姐妹关系的好坏便是家庭和乐与否的主要影响因素。哥哥姐姐会帮助弟弟妹妹了解学校里的大小事务，会将他们带入自己的游戏团体当中，无论是在公园里、小区内，还是有其他孩子们聚集的地方。年幼的孩子会希望像哥哥姐姐一样大、一样能干和一样受欢迎。8—9岁的孩子会崇拜成为青少年的哥哥姐姐，哥哥姐姐们同时也会将保护弟弟妹妹当作自己的责任。有影响力的10岁哥哥可以是小自己1岁的妹妹的保护令牌，只要提起哥哥的名字，想要欺负她的"恶霸"就会退却。无论兄弟姐妹在家里是如何相互诋毁的，在学校里，他们仍然会为对方挺身而出。一个9岁的男孩非常讨厌和妹妹一起走路回家，会想尽办法和妹妹保持距离，假装两人不是走在一起的。当他练习踢足球或和朋友耍酷嬉闹的时候，要是妹妹和朋友在附近，他会感觉尴尬畏缩。但是若妹妹在操场上跌倒了或是受到了欺负，他马上就会介入。

无论是在家里还是在学校里，面对压力的时候，孩子们都会无条件地互相支持。在某些特殊的情况下，当父母有其他的问题和烦恼时，兄弟姐妹之间便要能够互相安慰。当父母双亲或其中之一会在孩子的成长过程中长期缺席时（无论是因为工作关系，还是无法承担为人父母的重担），这个年龄的孩子便会变得格外足智多谋。有些兄弟姐妹会自行分担家务，还会毫无保留地在情绪上相互支持。若是家长有生理缺陷或心理疾病，孩子不但可以维持家庭的正常运转，还可以兼顾课业。当然，有很多的家庭让孩子承受了太多不合理的负担。要是发生严重的忽视或身体虐待，8—9岁的孩子会一肩担起照顾弟弟妹妹的责任，并尽其可能地隐瞒现实状况，不让学校的老师或同学发现。

> **贴心小叮咛**
>
> 兄弟姐妹在家可以打得你死我活，在外一定团结一致，彼此互相照应帮忙。爸妈就别担心了。

小杰今年9岁，每天都会到学校上课，不过常常迟到，而且看起来一副没有睡觉的样子。他的衣服总是脏脏的，偶尔还会散发一股浓重的汗臭味。他总是津津有味地吃学校的营养午餐，老师经常问起他妈妈和妹妹的状况，但是小杰的回答总是闪烁其词、避重就轻。当学校让他早点到学校吃早餐时,小杰生气地说,家里有许多早餐可以吃。当老师问他为什么没有交回博物馆校外教学的家长同意书时,小杰回答自己并不想去。有一周,小杰在课堂上睡着了两次,当老师请他站起来朗读课文时,他大发脾气,然后放声大哭。年级主任得知这件事情以后,安排了一次家访。小杰家中的状况令人诧愕,他的妈妈防御心相当强。学校将这个个案转介给了儿童社会福利机构。经过全面的调查,小杰终于说出了实情。小杰的妈妈与继父之间经常发生暴力冲突,因此他必须照顾4岁的妹妹,确保她有食物可以吃,他晚上会睡在妹妹床边的地板上以便保护她。

竞争与敌对

兄弟姐妹的关系总是时好时坏。倘若兄弟姐妹之间总是处在"战争"状态,也会让父母感到紧张焦虑、灰心丧气和筋疲力尽。对于身为原生家庭里的特定排行的感受,很多孩子是依据自身习惯的模式来处理的。我们可能认为兄弟姐妹间的竞争仅限于年长的孩子和新生儿之间(例如,之前提到的山姆)。然而,很多弟弟妹妹似乎也无法忍受自己不是家里的第一个孩子的事实,这会让他们发愤图强,努力迎头赶上哥哥姐姐们,并设法取得相同的成就,但也有可能导致孩子觉得自己的能力永远都不够或很难有所成就。

在当了好几年的独生女之后,8岁的艾莎终于有了一个妹妹——洁丝。这让艾莎兴奋不已。对于艾莎能够如此迅速地接纳家中的新成员，且在前几个月竭尽所能地帮助妈妈照顾妹妹，家里的每一个人都十分惊讶。艾莎喜欢妈妈带着还是小娃娃的洁丝来学校接自己下课，这时候，艾莎便可以炫耀自己有一个妹妹了。然而，当洁丝可以自己行动的时候，她很喜欢靠近艾莎，用手抓或是捶打姐姐。刚开始还很有趣，但过了一阵子，艾莎开始觉得无趣，并因这种始料未及的敌意感到受伤。大家都觉得，只要洁丝长大了，情况就会改变。但随着她慢慢长大，一切如昔。妈妈竭尽所能地教导妹妹不能打姐姐，但洁丝没有丝毫改善。洁丝在托儿所和幼儿园里是一个友善且受欢迎的孩子，但对姐姐的敌意一直延续。要是艾莎碰了她的玩具，或是在沙发上挑了一个靠近妈妈的地方坐下来，洁丝就会开始大声尖叫。最后，艾莎只好放弃亲近妹妹的努力，并开始利用自己懂得较多言辞的优势对洁丝的所作所为冷嘲热讽。

直到洁丝8岁、艾莎16岁的时候，情况才完全改观。艾莎此时正全身心地投入家庭以外的社交活动，而洁丝也似乎放松了许多，可以得到母亲较多的关心和注意。之前的争吵似乎突然之间消失不见了，而且洁丝还有点崇拜这个时髦的姐姐。这么多年来，她们的爸妈头一次能够想象这两姐妹长大成人之后会彼此支持照顾。

在一般家庭中，很多兄弟姐妹之间的竞争都是可以处理的，也不像艾莎和洁丝需要这么久。然而，兄弟姐妹之间日积月累的嫉妒的确会成为导致父母争吵的压力源之一,爸妈可能对于如何处置这样的状况有不同的看法,或在整个过程当中,对于谁是加害者、谁是受害者有着不同的意见。

戴维斯夫妇对于9岁的贾尼丝和7岁半的杰森之间永无止境的争吵感到筋疲力尽。为了维持这对姐弟之间的和平,他们试过各种方法:严格执行让两人轮流坐在汽车前座;给予同等价值的生日礼物和圣诞节礼物;每个人的房间里都有自己的电视机,以避免姐弟俩为了遥控器而争吵。吃饭的时候更是爸妈的梦魇。这对姐弟会不停地指责对方。杰森会嘲笑姐姐对于食物的偏好,贾尼丝则抱怨弟弟的餐桌礼仪让她觉得很恶心。贾尼丝会擅闯弟弟的房间故意挑衅来引发争吵,杰森则会在要出门去上学时把姐姐书包里的所有物品都倒在地上以示报复。若是受到爸妈的责备,两姐弟都觉得自己的报复行为是名正言顺的。

戴维斯夫妇努力公平地对待两姐弟,但也觉得越来越无力和无奈。他们就好像住在法院里,生活当中充满无止境的争执和争吵。有一天,戴维斯太太要送孩子去上学,因为贾尼丝的动作较慢,便告诉她要让弟弟坐前座。但戴维斯太太没有发现自己剥夺了"无辜"孩子的权利,引起了憎恨。于是当杰森在前座哼着讨人厌且自满的曲调时,贾尼丝坐在后座不停踢他的椅背,对着弟弟吼,要他不要再发出任何声音了,并咒骂他。贾尼丝生气地哭着,杰森则嘲笑她是爱哭鬼,而且恐吓说要告诉全校的人。姐姐又继续踢椅背,弟弟挣脱安全带并转身要打她。戴维斯太太伸出手臂想要阻止杰森。说时迟那时快,车子突然转偏冲到了对面车道上!所幸并没有发生任何意外,但戴维斯太太饱受惊吓。当天傍晚,她告诉先生,他们必须认真地处理这件事情。

他们拜访了家庭医生。医生将他们转介到当地的儿童与青少年心理健康中心。在安全的咨询环境下,这对夫妻终于明白,原来双方都暗自"怪罪"对方让自己陷入了这个困境,而且对于该责怪哪一个孩子也有不同的看法。戴维斯太太相信,如果不是儿子故意挑衅女儿,她不会有这样的报复行为;而戴维斯先生认为,儿子杰森才是受害者,毕竟弟弟年纪较小,姐姐应该比较能够控制自己的情绪。

> **贴心小叮咛**
>
> 有时,兄弟姐妹间不断争吵的症结在于父母对于如何处理兄弟姐妹间的争吵的意见不一致,或对于该责怪哪一个孩子有不同的看法。如果父母能够态度一致,这个问题就会比较好解决。

之后,这对夫妻更深入地了解了自己小时候的经验是如何影响他们现在对孩子的教养行为的。贾尼丝和杰森认真听着爸妈述说自己小时候和兄弟姐妹相处的状况,以及他们的父母是如何处理兄弟姐妹之间的冲突的。孩子们终于能够了解爸妈是多么希望他们可以跟对方和平相处了,他们也真心希望父母可以介入并让他们停止争吵。最后,这个家庭达成了一项新的约定,那就是孩子们会试着跟对方好好相处,但万一有人闯祸了,另外一个人也不要指望会从中捞到什么好处。戴维斯先生也同意在周六的时候多花一点时间陪伴儿子，让太太可以和女儿单独相处。

> **贴心小叮咛**
>
> 当孩子得知父母小时候是如何跟兄弟姐妹相处及发生争吵的，祖父母是如何介入处理的时，孩子就较能体会父母希望兄弟姐妹之间和平相处的心情了。

祖孙三代三样情

祖父母对于这个年纪的孩子是很重要的。如果他们能够多多参与家庭生活，对于潜伏期的儿童的认同感的发展会有相当重大的贡献。8—9岁的孩子能够理解祖父母和外祖父母是爸妈的双亲，且在了解这些祖辈的过程当中，知晓自己的爸妈为什么会是现在这个样子。祖父母和外祖父母分别代表了两个家庭的历史，9岁的儿童通常对于拼凑两个家庭过去世代的信息是相当有兴趣的。

21世纪的祖父母可能代表另外一个年代，与父母生长的年代是不一样的。有时候，

> **贴心小叮咛**
>
> 了解父母过去的历史，有助于拉近亲子间的距离。

如果能了解父母年轻时相关的事情，亲子之间的代沟似乎就会小一点。

梅莉莎的爸妈对于最新的科技相当感兴趣的，平日打扮入时。"赶流行的"爸妈让她引以为傲，所以她也很喜欢和祖父母共度时光。她觉得祖父母是很不一样的人，爷爷老是把他送给她的数字音乐播放器称为她的"晶体管玩意"，且总会请梅莉莎帮他操作家中的 DVD 光盘。这些都是爷爷自己买的，但他不会用。梅莉莎的奶奶老是担心梅莉莎在天冷的时候穿得不够暖和。祖父母比爸妈还要关心梅莉莎在学校的功课和生活。他们喜欢梅莉莎邀请他们去参加学校的音乐会，而且当这对和其他人相比很不一样的夫妻出现时，让梅莉莎觉得跟他们站在一起是一件很骄傲的事情。

梅莉莎唯一不太开心的是，她被迫承认妈妈和祖父母的关系不太好。梅莉莎不能理解到底有什么问题。每当妈妈对于邀请爷爷奶奶来参加家庭聚会抱怨连连时，她都感到相当难过，之后还要忍受奶奶批评妈妈的厨艺或做家务的方式。奶奶不喜欢儿媳妇外出工作，且相当直接地表达了自己的看法。奶奶一直都很乐意帮忙带孩子，不过也会趁此机会批评是因为妈妈又要外出，所以才需要她过来带孩子，而且总是会让梅莉莎注意家里还有一大堆衣服没有熨烫。梅莉莎会试着阻止奶奶帮忙熨烫衣服，因为她知道如果让奶奶帮忙，妈妈会很生气，然后父亲就会为自己的妈妈辩护。

梅莉莎比较喜欢去祖父母家,在那里,她会花很多时间翻看家族照片。相较于在父母家里,在祖父母家用餐是一项很正式的活动,因为她很喜欢祖母做的菜,所以一点也不介意入乡随俗,遵守一些规定。回到家后,她偶尔会纠正父母较为随性的用餐礼仪。但这对于改善母亲与祖母之间的关系一点帮助也没有。

在外祖父母家的情况则完全不一样,因为距离较远,梅莉莎去得比较少。但她喜欢外祖父母家中那种有点破旧、有点杂乱无章的感觉。而且她和外祖父母的宠物们——一只狗和三只猫咪——已建立起了很深厚的友谊。在梅莉莎的两个舅舅和妈妈离家之后,姥姥姥爷很快就养了这些宠物,并且相当疼爱它们。梅莉莎喜欢和狗狗一起蜷曲在沙发上,而姥姥坐在自己的椅子上,猫咪们个个在旁边依偎着她。在外祖父母家,梅莉莎拥有比在家里还要多的自由。她会和姥姥姥爷一起吃冰激凌和比萨,就算坐在电视机前面吃饭也没有关系。

两对祖父母们都让梅莉莎有机会可以短暂离开家和父母,而梅莉莎也很喜欢和祖辈们共度的时光,虽然她常常说爷爷奶奶和姥姥姥爷是多么的不一样。爷爷奶奶坚持维持固定的生活作息,约定好上床睡觉的时间,睡前可以喝一杯热巧克力和说床前故事,半小时之后就一定要熄灯。而姥姥姥爷似乎对睡觉时间并不那么在乎,梅莉莎常常在客厅睡着,或是实在是困得受不了才上床去睡觉。梅莉莎的经验其实是很典型的,不同世代间能维持和谐的家庭实在不多,梅莉莎可以感受得到妈妈和奶奶之间,以及爷爷奶奶和姥姥姥爷之间的紧张。但在绝大多数的情况下，每一个人在家族聚会中都表现良好。梅莉莎可以看出，他们的价值观基本上是一致的，而她的爸妈也能找到方式来处理彼此的不同。

有很多家庭无法将事事都处理得很好，很多潜伏期的孩子会发现自己是复杂的家庭动力中的一部分。这股力量一下要他们往右，一下又要他们往另一个方向去，或是告诉他们哪些事情是不可以做的，哪些话是不能跟祖父母说的。在特殊的情况之下，孩子们还可能知晓家族之间的纠纷，或者甚至没有机会认识不跟孩子住在一起的祖父母们。有些祖父母们无法忍受小孩子，觉得八九岁的孩子很吵闹、太早熟、固执不听话。拥有孙子孙女的祖父母通常都会欣然接受再一次参与养育儿童的机会。不过，有时也不见得如此，因为这会提醒他们早年的失败经验，或许会再次激起他们不宽容、敌意甚至憎恨的感受。的确，有些祖父母们会嫉妒子女和孙子女的生活，而表现出难以亲近和尖酸刻薄的态度。

在21世纪，有许多家庭还仰赖长辈们帮忙带孩子，好让母亲们能够去工作。这也可能是个人的选择，觉得祖母或外祖母是最适合照顾孩子的人选，然而，依赖长辈也可能是因为保姆服务很昂贵，若父母的工资都不高，此时祖父母或外祖父母介入并提供协助的确可以减少支出。孩子到了8岁的时候，祖父母可能只需要在孩子放学后帮忙接孩子下课，陪伴他们直到父母下班回家为止。这其中包括了一天当中的许多重要的日常作息，例如，吃晚餐、写作业和睡前的例行活动。孩子和祖父母会因此发展出亲密且重要的关系；日后若是祖父母生病或是变老，也会严重影响孩子们。

一周有三天，莎蒂姥姥都会去学校接莎莉安放学，姥姥喜欢在大门口看着外孙女从学校走出来，身边围绕着她的朋友们。她仍清晰地记得35年前，也是站在同一个地方等着莎莉安的妈妈放学的情景。每次只要莎莉安在人群中看到姥姥，就会跟朋友们道别，然后奔到姥姥的怀里并用力地拥抱她。莎蒂姥姥总是觉得非常感动。她们在一同走回家的路上，聊着当天所发生的事情。回到家后，祖孙俩会一起坐下来写作业，然后一起看电视。莎蒂姥姥泡的茶非常好喝——全是莎莉安喜欢的口味。当莎莉安的父亲来接女儿时，他总是看到这对祖孙一同坐在沙发上看电视，有时甚至觉得叫莎莉安赶快穿上外套、拿好书包、准备回家是一件有点残忍的事。

一个寒冷的冬天，莎莉安下课时并没有在校门口看到姥姥。等了几分钟，她就回到了学校的秘书室。在学校秘书试着联络姥姥和仍在上班的父亲的过程中，莎莉安又等了一个多小时。傍晚六点多的时候，莎莉安的爸爸到学校来接她，他脸色苍白，带着受惊吓的表情。上车后，爸爸告诉莎莉安，莎蒂姥姥今天在要去接她下课的时候，在家门口跌倒了。送到医院后发现她骨盆断裂，还有一点轻微的中风。是医院打电话通知了正在上班的妈妈。莎莉安听到后相当难过，想要马上去医院探望姥姥，但是父亲说时间太晚，明天才能去医院。莎莉安觉得很受伤，回到家后，不停地挑剔晚餐，让妈妈很生气。莎莉安想要吃姥姥做的菜，他们不知道吗？周五晚上应该吃香肠和薯片！莎莉安从晚上到隔天都心情不好，脾气很大。爸妈想，或许等她见到姥姥时心情会好一点。但到了要去医院探望姥姥的时候，莎莉安又突然说不想去了，她坚持说自己有很多的作业要写，没有时间去医院看姥姥。妈妈非常生气，指责莎莉安太自私、不知感恩。

最后，莎莉安还是去医院探望了姥姥，觉得放心了一点。她带了葡萄和杂志给姥姥，发现姥姥看起来并没有太大的不同，便松了一口气。然而，在接下来的几个月当中，莎蒂姥姥和莎莉安之间的关系逐渐调整。过了好久以后，莎蒂姥姥才能够再到学校去接莎莉安下课，而且还需要有人帮忙买东西、煮饭和协助做其他的家务。莎莉安必须习惯成为姥姥的好帮手，但她也不是每一次都满心欢喜地乐于提供协助。

由于这段关系够稳固，所以才能安然度过困境而仍保持良好互动。无论如何，世事多变，莎莉安终究会进入某个阶段，变得不是那么在乎姥姥的关注了。只是因为前一天祖孙俩都还享受着两人的日常生活作息，而意外突然发生，才让人感到痛苦和难以接受。

在最佳状况下，祖父母在很多时候都为潜伏期儿童提供了一张安全网。他们有时可以代表孩子来和父母讨价还价，或是当爸妈在与8—9岁的孩子的相处当中发生问题时，作为家长的后盾。

若是孩子跟祖父母在一起时觉得有安全感,那么当家中有状况时,他们便有一个地方可以栖身,有一个关心自己也关心爸妈的对象可以倾诉,而这个对象还会提供不同角度的看法。住在邻近区域的祖父母在孩子的生命当中会占有一席之地。住得较遥远或居住环境截然不同的祖父母对孩子的意义就比较像是难以掌握的、陌生的和冒险的。

> **贴心小叮咛**
>
> 在最佳的状况下,祖父母在很多时候都为潜伏期儿童提供了一张安全网。他们有时可以代表孩子来和父母讨价还价,或是当爸妈在与8—9岁的孩子的相处当中发生问题时,作为家长的后盾。

与其他亲戚的关系

在本章提到的祖父母们的事情也适用于其他亲戚,如姨妈、姑姑、叔叔、舅舅、堂兄弟姐妹和表兄弟姐妹们。每一个亲戚在孩子的生命当中都扮演着一定的角色,也在孩子自我意识发展的过程中占有一席之地。姨妈、姑姑、叔叔和舅舅们通常在八九岁的孩子的生活中是另外一种模式的母亲或父亲,不过是以一个比较不会带来压力的"安全"的大人形象出现的,用一种特殊的关系和孩子们产生联结。堂兄弟姐妹或表兄弟姐妹则像兄弟姐妹一般，提供了各种机会，让孩子们尝试建立不同的关系。有些堂/表兄弟姐妹是受到崇拜的，而有些则被轻视。若是家族当中有和自己年纪相仿的堂/表兄弟姐妹，可能会引起八九岁的孩子们的防卫心，这可以让他们在一个安全的环境下体验某些兄弟姐妹之间竞争的感受。

家庭破裂对孩子的影响

孩子年纪小的时候，会全心全意地将注意力放在父母身上。到了八九岁时，孩子会慢慢试着脱离这样的情感，并朝向家庭以外的环境发展。此时，父母的争吵或离异对孩子而言是相当重大的难题。即使爸妈非常努力，关系的破裂仍会使家长对于保护孩子免于情绪崩溃产生莫大的压力。很多父母成功地让孩子相信，父母分开并不是任何一个人的错，而且孩子仍会是爸妈心中最重要的一部分。但这样的好意常常在协议离婚的过程中慢慢被现实销蚀。即使是共同协议离婚者，被伤害、怀疑和嫉妒等强烈的感觉也常常会转化成对不

> **贴心小叮咛**
>
> 父母要很清楚地让孩子知道，婚姻破裂跟他们一点关系也没有，而且切记不要在孩子面前批评另一方。

跟孩子住在一起的家长的怒气,并因财务的分配或安排发出尖酸刻薄的批评和争吵。要是其中一人有了新伴侣,冲突就会更为尖锐,孩子无法免于目击遭到"抛弃"的一方所受到的伤害。

当然,有些父母会以较温和的方式分手,同意对孩子的照顾方式,在坚守双方协议上不会有太大的困难;也会邀请不跟孩子住在一起的一方参加重要的家庭活动,对方仍是家中受欢迎的访客。这当然对所有人都有益,但还是有一个小小缺点,即会让潜伏期的孩子感到疑惑,既然爸妈看起来可以好好相处,为什么不能继续住在一起?甚至会让孩子怀抱不切实际的希望,想要撮合父母和好。以下描述的便是一个典型的例子。

丹尼尔一直都知道爸妈的感情其实没有像自己想象的那么好,他知道妈妈正受到所谓"抑郁症"的折磨,而父亲不是非常同情母亲的状况。他看得出,妈妈并不期待爸爸下班回家,还发现当爸爸需要出差离家几天的时候,妈妈反而看起来没那么情绪低落。有一次,在爸爸出差的时候,妈妈甚至做了特别的晚餐,还允许丹尼尔和妹妹窝在沙发上看他们喜欢、但爸爸不喜欢的电视节目。丹尼尔从小就非常喜欢妈妈,直到现在他都还带着一个小盒子,里面装着妈妈的头发。他对自己没有办法让妈妈高兴起来感到难过。丹尼尔也很崇拜并喜欢爸爸,很珍惜爸爸开跑车来学校接他的机会,以及爸爸在足球场边为丹尼尔加油打气的时光。

当爸爸宣布要离开家的时候,丹尼尔已经9岁了。他刚开始的反应相当惊讶,随即展现出了一副自己会担起所有责任的模样。他现在是家中唯一的男人,妈妈和妹妹需要他够坚强。他给了妈妈一个拥抱,并保证一切都会没事的。丹尼尔告诉爸爸,他会担起照顾这个家的责任。爸爸承诺会保持密切的联系,让他们不用担心财务方面的问题。

刚开始的几周,丹尼尔选择相信父母的分离只是暂时的,他爸妈相处的状况看起来还不错,再过一段时间,他们就会发现自己相当想念对方。他努力确保自己和妹妹都不对爸妈有所要求,让他们有足够的时间谈一谈,这样他们终会发现分开是一个严重的错误。丹尼尔此时并不知道父亲其实已经有了新对象。当所有人都知道这件事情的时候,噩梦从此展开,尤其是对丹尼尔而言。他发现母亲无法忍受内心的悲痛,开始对丹尼尔倾诉他并不想知道的事情,这让丹尼尔对于自己所知道的事实感到相当沮丧。丹尼尔不想知道父亲已经和其他人另组家庭了,而且这段外遇还维持了两年之久;他也不想听到妈妈和朋友的父母,甚至是和外祖父母提及有关父亲的任何事情。

丹尼尔开始对妈妈生气,并将父亲的离开怪罪于她——妈妈应该要求他留下来。丹尼尔并没有好好地表达自己的意思,不然妈妈就会正视他的感受并跟他好好地谈一谈。相反,丹尼尔开始抱怨零用钱不够用,声称让大家看到妈妈的破汽车让他很没有面子,等等。妈妈因此很受伤,于是他们开始互相指责,进入恶性循环。妈妈说丹尼尔就像他爸爸一样,丹尼尔也大声地吼回去说自己真希望能够像父亲一样。他告诉妹妹,他们才是问题的根源,在他们没来到这个家之前,一切都是愉快和乐的。

在前6个月,丹尼尔仍对妈妈维持着生气的态度,他迫切地想要见到父亲,且怀疑是妈妈赌气故意不让他来家里的。在丹尼尔的心中,他把双亲分成了两部分:一部分是无辜的受害者(父亲),另一部分是有罪的加害者(母亲)。这样的分法完全是依照丹尼尔对于自己所受到的折磨的理解。之后的半年,这样的分法完全被颠覆了,因为丹尼尔发现并没有人能阻止父亲来探视他们,是爸爸根本没有想过要来,甚至好几次答应要来看孩子,却又食言。丹尼尔开始对母亲表现出了较为支持的态度,虽然他还是不让妈妈在自己面前批评父亲,因为他觉得这让他失去了一个男性榜样。幸好,他还有一个可以信任的男老师,也有很多时间可以跟舅舅相处。

如何适应生活上的改变?

在潜伏期的孩子的心中,另外一种形式的入侵是当家长开始有了新的亲密对象时。上面提到的丹尼尔一直无法真的接受父亲的新女友。他同意和父亲的新女友见面,并友善地相处几小时。但他不想去父亲的新家,且直截了当地拒绝参加他们的婚礼。丹尼尔知道这会让父亲很难过,但在这个时刻,他觉得展现出对母亲的忠诚是相当重要的。丹尼尔在这个过程中对妹妹相当严苛，因为妹妹为了让大家都开心，选择了较为妥协的态度。

对一直以来都身处单亲家庭的孩子而言，要接受父亲或母亲的新伴侣是相当困难的。有些孩子会主动要求爸妈再找一个另一半，这要么是因为觉得爸爸或妈妈很孤单，无人保护；要么是因为很多地方都不完整，因而想要一个新爸爸或新妈妈。然而，若是孩子长久以来就一直独自拥有父亲或母亲，要他去接受第三人就会难上加难。

> **贴心小叮咛**
>
> 当双亲中的一方有了新伴侣时，该如何让孩子接受？首先要先倾听孩子的心声，了解他害怕和担忧的事情是什么。通常是害怕会失去母亲或父亲的爱，以及对于未来生活的不确定感，还有对其中一方的忠诚问题。

贾尼丝的妈妈"突然"（从贾尼丝的角度来说是"突然"）宣布她一周有一天晚上要去上萨尔萨舞课。贾尼丝感到非常惊讶，并问："为什么？"妈妈解释说，自己本来就很喜欢跳舞，现在贾尼丝已经9岁了，弟弟也5岁了，她觉得可以让临时保姆来照看他们一小段时间，而自己也该开始建立自己的社交活动了。贾尼丝不停地重复着"为什么"，就好像自己无法理解或不愿意理解妈妈除了全心全意地照顾自己和弟弟之外，怎么还会想要别的。到了妈妈要去上课的那天傍晚，贾尼丝百般心思地试着想要把妈妈留下来，她抱怨自己有点胃痛，可能快要生病了。妈妈了解她的把戏是为了什么，表示会没事的，而且要是她真的生病了，姥姥知道怎么处理。妈妈还说会把手机带在身上，如果有任何紧急情况，一定可以联络到她。贾尼丝叹了一口气，让妈妈亲吻了她并说了晚安。贾尼丝一直都无法入睡，直到妈妈回到家，打开房门偷偷看她睡着没，贾尼丝很配合地假装已经熟睡了。之后的周二晚上变成了孩子们的最爱，孩子们可以跟姥姥共度晚间时光了。当妈妈提议想要再多出去一个晚上时，贾尼丝的焦虑水平曾再度稍微提高一点，不过她做到了设法不去抱怨。适应新的保姆是有点辛苦，但是贾尼丝很快就发现其实这是有所补偿的，她可以说服保姆让她晚一点再上床睡觉，还可以多看一会儿电视。

然而，贝利家的故事则全然不同。当汤米的妈妈表示想在一个晚上到邻居家参加聚会时，汤米马上歇斯底里、情绪激动地不准妈妈去。儿子的反应让妈妈十分震惊，她很快就打电话回绝了邻居，再次跟汤米保证绝对不会离开他。接下来的6个月，直到汤米9岁生日之前，妈妈有好几次尝试要出门，但都以相同的方式收尾——汤米会像发狂似的生气，她只好打退堂鼓。贝利太太发现自己无法勇敢地面对汤米，他看起来是那么难过及受伤，因而宁愿留在家中陪他，也不愿看着他受苦。她告诉自己，儿子真的很需要自己在家陪伴他。要是贝利太太邀请朋友来家中做客，汤米就会下楼来，在客人还没有离开之前怎样也不肯上楼去睡觉。汤米对于男性客人特别没有礼貌,这让妈妈开始觉得自己这辈子都不可能再认识新朋友了,或是有自己的社交生活了。一天傍晚,妈妈失去耐心而发脾气时,汤米从厨房的抽屉里拿了一把刀。贝利太太之前从不相信儿子会伤害她,或是伤害自己,因此汤米的这个举动让她十分震惊,她再也不这样认为了。这对母子均是教徒,贝利太太曾经试着请教区牧师和汤米谈一谈,当这个方法没用时,妈妈曾试着带他去看家庭医生,但是汤米激动地跟妈妈大吵了一架,还跑出了医院大楼。贝利太太没有再试着带汤米去看医生,不过她自己倒是开始参加咨询课程。在咨询的过程中,她逐渐了解了汤米的这些行为背后的原因。

汤米的爸爸在他10个月大的时候就消失无踪了,妈妈对于他遗弃她们母子俩十分讶异,也相当生气。她不知道他去了哪里,但听说他在某处卷入了打斗事件。有好几个月,她都把自己和孩子关在家里,很害怕有人来找他们;她会把汤米带到卧室去,用家具顶住门。贝利太太在夜里睡得很不好,一整个晚上都注意着门外的动静,并紧紧抱着睡着的汤米。慢慢地,她终于恢复了信心,并和一直不赞成这段婚姻的爸妈和好了。咨询师认为汤米可能承受着一种复杂的情绪,身为一个9岁的男孩,这么多年来一直独自拥有母亲,当面对妈妈想要对外发展新社交活动时,汤米对于自己嫉妒的感受困惑苦恼。每当午夜梦回感受到这些情绪时,加上早期与一个紧张又害怕的妈妈关在一起所受到的惊吓和恐惧,使他相当困惑。所造成的恐惧太过强烈,让母子俩都无法承受。

  这不是一个容易处理的问题,贝利太太了解到,必须参考他人的建议,找出自己也赞同的方式,并且严格执行。她也知道汤米需要专业的协助,来帮助他处理深层的问题,包括与失去父亲有关的、尚未处理的情绪;对于可能会失去母亲的恐惧;怀疑要是母亲在心中多留了一些空间给其他人,对于自己的感觉又会有什么样的改变。经过一段针对汤米的人生经历以及当前的分离焦虑难题的亲子治疗,汤米终于愿意开始进行个体的心理治疗了。刚开始,他并不愿意和治疗师合作,不过渐渐地,终于愿意让别人来了解自己了。

不同的家庭组合

  现今的家庭组合类型相当多元,且可见于不同的社会中。在一个典型的8—9岁儿童的班级里,会有单亲家庭、双亲家庭,有些孩子甚至根本没有和双亲住在一起。生长在单亲家庭里的孩子有的会定期看到不住在一起的爸爸或妈妈,有的甚至不知道缺位的爸爸或妈妈是谁。有些孩子在儿童福利机构的照顾下寄宿在寄养家庭里。有些可能是被领养的,有些可能和祖父母或其他亲戚住在一起。有些孩子的父母是同性恋者,或是被同性恋伴侣所领养的,或是寄宿在同性恋者的寄养家庭中。

"正常"的家庭组合不再是或不仅仅是有一个爸爸和一个妈妈的家庭。对孩子而言,哪一种家庭结构对孩子有益,或适合孩子的发展,在这一点上仍有争议,而目前被广泛接受的"正常"家庭组合类型代表在这类家庭成长的孩子无须承受过多无心的歧视。孩子们可以不再感到困扰地告诉同学——自己的爸妈分居了,或自己没见过爸爸,或自己的妈妈新交了一个男朋友。

> **贴心小叮咛**
>
> 何谓"正常"家庭?就是处在这个家庭里的孩子无须承受过多无心的歧视。

家庭生活当中有一些对外公开呈现的样貌,减少这些差异对于孩子的个人生活或内在世界的影响相当重要。或许告诉班上同学自己不记得也不在乎父亲长什么样子较为容易,但不可讳言,这会深深影响孩子的内心。

丹妮丝和妈妈及三个弟弟妹妹一起住在位于城市边缘、年久失修的房子里。爸爸在丹妮丝6岁、弟弟4岁的时候就离开了他们。两年之后,妈妈和另一个男人生下了一对双胞胎,但他也不跟他们住在一起。丹妮丝对此还蛮开心的,因为她不喜欢那个男人,且嫉妒他比较关心双胞胎。

丹妮丝对于妈妈能够独立抚养四个孩子感到非常骄傲,也很喜欢他们的家,尤其是她自己的房间,妈妈在她过9岁生日之前才重新将其装潢过。她的弟弟们共享一个房间,是有点不公平,不过,妈妈说丹妮丝很快就要10岁,且就快上中学了,应该有一点隐私。妈妈其实不知道丹妮丝躲在房间里的大多数时间都在看父亲的照片，想象如果爸爸回来，会是什么样的情景。丹妮丝很想再见到父亲，甚至渴望听到任何有关父亲的消息。自从她7岁生日之后，就再也没有听过任何有关他的信息了。她编造了各种关于父亲在哪里的故事情节，以及不和自己联络的原因。

在生日过后没多久，丹妮丝决定写一封信给父亲。她不知道要寄到哪里去，但她想爷爷奶奶应该会知道。丹妮丝知道祖父母们住在哪里，虽然自从双胞胎出生后，爷爷奶奶就不太喜欢来看丹妮丝和弟弟了。在信中，丹妮丝写下了自己是多么想念父亲，希望能够见父亲一面，也表示如果他不愿意到家里来，她可以到其他地方和他会面。丹妮丝很惊讶地收到了回信，父亲写着自己也很想念她，下个周六会带她和弟弟一同出门聚聚。丹妮丝不知道自己是不是应该把这件事告诉妈妈，但当她告诉妈妈时，妈妈泰若自若，并表示了解丹妮丝的感受，这让她松了一口气。

丹妮丝告诉了学校里的所有人，她的爸爸这个周末要来带她出门，她相当兴奋，周五晚上甚至只睡了一会儿。当父亲来到家里时，丹妮丝目光闪闪地看着他，很快地拿了外套，大喊着让弟弟动作快一点。丹妮丝和弟弟热切地盼望着父亲的来到，试着忽视父母之间的紧张气氛。几小时之后，姐弟俩回到家，妈妈帮他们开门并问道："如何？"丹妮丝耸耸肩回答说："还好！"妈妈之后还问了很多问题，不过丹妮丝避而不答。

这是一个相当典型的案例，描绘了9岁的孩子要如何处理自己对于缺席的、弃自己于不顾的家长所产生的复杂感受。她依靠着小时候与父亲相处的经验,美化了自己的记忆,且希望在进入青春期之前通过重新和父亲联络上而重拾父女之情。但看起来,实际上的重聚并不如丹妮丝所想象的那样,以致让她心情低落地返回家中。

寄养家庭中的儿童照护

寄养家庭中的孩子的经历更为复杂,深植于内心的失落感和不安全感通常会以古怪乖僻和反抗叛逆的行为呈现。儿童若曾在原生家庭中遭受过忽视或虐待,且被多次寄养,当然没有太多的理由相信大人的世界,也不太可能让自己像这本书所描述的"潜伏期"发展一样,好整以暇地面对成长。即使是最有经验的寄养家庭照护者都有可能对一个顽固的、愤世嫉俗的9岁男孩所丢出的挑战惊讶不已,或是发现自己正被一个

> **贴心小叮咛**
>
> 很难知道自己的孩子跟背景复杂的孩子们做朋友是不是在冒险?这里提供一个观点:只要家长们对自己孩子的判断有足够的信心,所需要的可能仅是在过程中较为仔细地照看,确保每个孩子都能心安且随时得到保护,这样就可以了。

看起来超越实际年龄且绝顶聪明的 8 岁女孩所困扰。若是曾经遭受过性侵害，孩子可能会对大人的生活有着扭曲的观点，需要专业的帮助来协助他了解在家庭或学校当中和他人建立关系时的一般规范和界限。有时候，对家长而言，很难知道允许孩子和具有上述背景的孩子做朋友是不是在冒险。只要家长们对孩子的明智判断有足够的信心，所需要的可能仅是在过程中更全面的照看，确保每个孩子都能心安且随时得到保护。与寄养照护者或社工保持密切联系是很重要的，在生命中经历过破碎瓦解的孩子迫切需要大人们在身边细心地支持自己。这些孩子未曾拥有过一般的父母，好让自己在理解世界时有参考依据。对于什么可以做，什么不可以做，他们没有可以询问或求教的对象。寄养家庭中的照顾者需要和社工逐项核对所有的小细节。亲生父母若是想要探视寄养儿童，得根据当地的法律规定，看是否需要事先申请许可，孩子朋友的家长可能也要接受详细的调查。因此，"被照顾"的孩子养成愤世嫉俗和对制度失望的态度就不令人讶异了。当然，若是制度健全且执行良好，好的寄养家庭和学校能够了解孩子的复杂背景，孩子便可以健康长大。

> **贴心小叮咛**
>
> 一般寄养家庭中的孩子都有过相当复杂的经历，深植内心的不安和失落感会通过古怪乖僻及反抗叛逆的行为呈现。大人们应该有耐心地加以引导并给予关怀。

想快快长大的孩子会遇到什么样的危险？

读者到目前为止应该已经了解，潜伏期的儿童对父母（无论是单亲还是双亲）的依赖会慢慢减少，并开始在大人的世界里寻找自己可以学习的其他榜样。这也可能发生得更早一点，孩子们会将学校的老师视为榜样。到了这个阶段，孩子所偏爱的大人会扩展到足球队教练、钢琴老师和好朋友的妈妈。家长有时候会因为孩子把时间都花在别人家，而感到难过。在理论上，孩子总是会从一个阶段起，慢慢地离开家。不过，家长要不停提醒自己有这样的一个阶段也是一件不太容易的事情。要记得提醒自己，孩子之所以会有这样的行为，很可能是因为他们确实知道自己有一个家可以回。有些面临剥夺、忽略或虐待的儿童会受到较为幸运的朋友的家庭吸引，这可以起到一个有帮助的平衡作用。要是孩子想象自己是寄养儿童，情况便会变得复杂，大人们既欢迎孩子进入自己的家庭，又觉得应该为这个有所需求的孩子负责。有些家长

> **贴心小叮咛**
>
> 对于身世坎坷的孩子，其他的家长们要小心，不要太快落入"拯救者"的角色中，要先衡量一下哪些是自己可以做的，哪些是无法提供的。记住：帮助人是要有专业方法的。

太快落入"拯救者"的框架中，很快就耗尽气力。此时可能需要祖父母、老师或社工来协助厘清，针对这个非亲生孩子，到底有哪些是家长可以做的，哪些是无法提供的。

即使是在最好的环境中，8—9岁的孩子仍会在大人的世界中留意寻找自己可以学习的榜样，因此会变得无法抗拒地尽量满足大人的需要。这或许就是这个年纪的孩子常常被某些不怀好意的大人所利用的原因之一。在现今社会，大人在时刻提醒孩子小心"危险的陌生人"，这让他们过于警戒，认为自己太容易防备陌生人给予的关注了。更值得注意的是，如此一来，孩子们反而容易落入恋童癖者的拐骗陷阱当中。但从另一个角度来看，这也是可以理解的，孩子们需要觉得有他人对自己感兴趣，觉得自己对某人而言是珍贵的、有价值的，而且自己可以处理这样的状况。在一个教师工作坊中，一位老师分享了下述案例：

> 埃伦和保拉跟我说，她们不能来参加网球练习了，因为她们周二放学后都要去探望葛兰先生。我问葛兰先生是谁，她们解释说葛兰先生住在潘布鲁克街上的一间公寓的地下室里。我问她们是怎么认识葛兰先生的，孩子们说他有一次在人行道上拦住了她们，问她们是否可以帮他把垃圾桶从地下室抬上来。葛兰先生之后给了她们一些糖果，还说了声谢谢。之后，葛兰先生每周二都会准备好糖果等着她们。我试探性地问她们的家长是否也认识

葛兰先生,两个小女孩一起摇头。埃伦说爸妈应该不会喜欢葛兰先生,因为他有点脏,而且会对着把垃圾丢进地下室的路人骂脏话。我试着用冷静的口吻且不妄下结论的措辞询问孩子们是否喜欢葛兰先生。她们俩互看了一眼,然后保拉回答说:"不是很喜欢。"随后又加上一句说她们不能不去看他,不然葛兰先生会很难过,他很孤单。我又问她们是否告诉过爸妈她们会去探望葛兰先生这件事。孩子们沉默地摇摇头。埃伦又说到她不喜欢葛兰先生想要给她钱,而保拉接着说:"他只是很孤单而已!"

这位老师觉得不应该忽略这段对话,但也不能反应过度。他非常担心,尤其是对方想提供金钱上的好处。换个角度看,这个地区有许多孤单的老人,而这两个敏感的小女孩应该不会做出什么愚蠢的事情。当老师打电话通知家长的时候(事先已经告诉孩子们他必须这样做),心中仍然十分挣扎,他不确定这两对家长对于这件事情会有什么样的反应。家长们会觉得这件事情有一定的危险但仍可以接受吗?或是把葛兰先生视为"恋童癖者",不准孩子再去那条街?或是加入孩子们的行列,一起去探望葛兰先生?但这位老师很清楚,这两个小女孩处理这件事情的方式完全符合她们目前的发展阶段,她们想要与众不同,相信自己可以完成一些事,也只有自己能够完成这些事,但她们对事情的危险性只略知一二。

第二章
游戏是连接儿童内在和外在世界的桥梁

儿童利用游戏来处理所有的焦虑和冲突——他们通过游戏来表达自己对俄狄浦斯情结的在意、对分离和失去的看法、与兄弟姐妹之间的竞争。

本章介绍了许多游戏的玩法,以及大家一起玩和独自一人玩之间的差异和隐藏的意义。

男孩和女孩喜欢的游戏一样吗?

安静的孩子喜欢什么呢?

可以利用游戏的方式来上课吗?

仔细阅读本章,可以找到许多好玩的亲子游戏。

对一般的8—9岁的儿童来说,玩游戏是生活中非常重要的一部分。

儿童会利用游戏来处理各种焦虑和冲突。通过游戏和动作来表达自己对俄狄浦斯情结的在意、对分离和失去的想法、兄弟姐妹之间的竞争(无论是真实发生过的,还是想象中的),并在这一过程中变得较不害怕。孩子会试着扮演不同的角色——母亲、父亲、小宝宝、警察、医生、超级英雄,以及其他许多不同的身份。多数孩子很清楚自己是在玩游戏,会通过扮演来试着控制自己的情感投入程度。只有在这些感受太过强烈或真实时,他们才会需要脱离这样的情境,回到真实世界里寻求家长或老师的协助。从这个角度来看,游戏是连接发展中的儿童的内在世界与外在世界的桥梁。(Youell,2006,p.46)

在潜伏期的这几年当中,绝大多数孩子玩的游戏会有很大的改变。符合他们对于绝对公平这一新信念的热情,8—9岁的孩子较容易受到有清楚规则的游戏项目的吸引。他们具有攻击性的冲动可以通过竞争性的体育活动和棋类游戏发泄,这两种游戏都需要运用才智来击败对手。孩子并不是一直都可以接受游戏输赢的概率,因此当局势不利于自己时,就会觉得"这一点都不公平"。各种竞争性的游戏可磨炼孩子处理怀抱希望和胜利的感觉,同时也考验着他们怎么样面对失望和失败。

> **贴心小叮咛**
>
> 各种竞争性游戏可以让孩子学习处理怀抱胜利和希望的感觉,同时也考验着他们怎样面对失望和失败。

8—9岁的孩子可能仍然喜欢假装和角色扮演的游戏,但可能要有规定的场景并说着预先想好的内容。在这个年纪,孩子会比较注意戏服的细节,尤其是女孩们会丝毫不差地模仿原型的发型、妆容和美甲。她们也喜欢不同的手工艺,尤其是闪亮的材质和有许多剪剪贴贴材料的玩意。每一个8岁的小女孩都喜欢闪亮的和具有金属光泽的物品。有些儿童电视节目之所以能够长年立于不败之地不是没有道理的,如英国广播电视网的《蓝色彼得》(*Blue Peter*)。就像其他的儿童电视节目一样,这个节目现任的主持人比其历任更年轻,装扮更为流行,也更活泼,但节目内容的基本架构仍然是一样的:

> **贴心小叮咛**
>
> 8—9岁的孩子仍然喜欢假装和角色扮演的游戏,只不过多了对细节的注意,例如对造型、道具、对白及戏服等的关注。

试着探讨儿童潜伏期这几年的本质,内容着重于大自然、慈善事业、个人成就和激动人心的冒险;同时也囊括了较为创新的素材,如每个人都可以在家使用简单的设备自行录制的节目。

我不想被排挤

到了9岁这个年纪,孩子已经能够区分游戏和学习之间的差异了。在学校里,游戏是在操场上的活动,或通过努力和遵守秩序而赢得的难得的"黄金时段"。当然,其中的分界在孩子心中并不太清楚,他们常常在无意间跨越界限而不自知,利用显然是"好玩有趣的"方式来学习。趣味性可能会、也可能不会妨碍学习。在以下案例当中可以很清楚地看到,对于9岁的孩子来说,数学课里也有相当正面的元素。

> **贴心小叮咛**
>
> 9岁的孩子已经知道游戏和学习之间的差异了,但还是经常在无意间跨越了那条界限,其实好玩有趣的方式不见得会阻碍学习。

学生们都坐在地毯上跟着老师复习昨天学的内容,并听老师讲解在今天的课程中要进行的活动。孩子们两人一组进行了一项简单的调查,并利用柱状图展示了调查结果。老师举了一些例子,让学生了解可以询问同学哪些问题,例如,调查大家最喜欢吃的食物、最喜欢的颜色、最喜欢上的课、最喜欢的宠物、最喜欢的球队，等等。在老师讲述时，底下已经有兴奋的讨论声了，多数孩子在环视四周且大声说着悄悄话，找寻他们喜欢的伙伴。有些孩子跳了起来，开始换椅子和拿自己的铅笔盒。老师必须把这些学生叫回来，确认孩子都了解该做些什么。然后，老师又花了点时间解决因为分组而产生的小争吵。多数男孩选择询问有关英国足球队的问题，而多数女孩决定调查大家最喜欢的宠物是什么。

当孩子们画出统计表格后，便开始问问题，教室里因而变得闹哄哄的。孩子们在教室里跑来跑去，一不小心就会撞到教室内的家具上而跌倒，或撞上同学，就好像这是一场比赛。很快，就可以很明显地看出男孩子们处心积虑想要确保自己所喜欢的足球队获得最多的票数。换句话说，他们利用了有点作弊的方式，不过完全是公开智取的，一旦他们知道老师会说哪一队，就会避免去问老师，或是重复问老师好几次。他们提供了一些诱惑给会说出心仪队伍的同学；或是对着新来的害羞的同学（只会说一点点英文），跪着求他再加一票。女孩们对于宠物的热忱一点也不输给男孩，其中有一队女孩只要听到有人的答案是"小狗"，就欢呼一次，另外一队则试着说服每一个人都回答"兔子"。

老师要求班上的同学放低声量，但因为很少看到孩子们对于某个作业有这么高的参与感，便决定在时间上给予一些弹性。毫不意外，最后的结果并不准确，各组的答案都不一样，也没有一致性。不过,这堂课相当有趣,因此大家对于统计图表的基本原理有了相当的了解。老师告诉大家,明天还会继续讨论这个主题,同时也强调了准确的必要性。

在整个过程中,一个叫鲁宾的小男孩很有趣。他没有和任何人配对合作,于是老师说他可以加入其他组,组成三人小组。但经过几次失败的尝试后,鲁宾放弃了和别人合作,决定自己一个人完成这项作业。他快速高效地完成了图表,并拿给老师看。老师恭喜他完成了,还把他做好的图表举起来展示给全班看。之后,老师告诉鲁宾,他赢得了一些游戏时间。他自己欢呼且朝空中挥舞着拳头来表示高兴,但似乎不太知道自己之后该做些什么。鲁宾走到图书角,躺在一个懒人沙发上,看着班上的同学继续进行这项作业,同时双手不停地转着背后板子上的吸铁石。在一群闹哄哄的学生当中,他看起来尤其孤单。

孩子们在二人一组或三人一组的配对中,以及在为游戏选择队员时,都表现得相当残忍。一旦老师表示要大家分组,整个气氛就充满了焦虑和竞争的感觉。孩子们讨厌变成最后剩下来的那个人。若是仔细地观察一个班级,就可以发现孩子们会为了巩固自己的地位和排挤某人而使用许多卑鄙的策略和手段。

在上述案例当中,鲁宾被拒绝了好几次,有一组人悄悄转过身背对着他,有一组人小声地叫他"滚开",还有一组人直接推开了他。鲁宾最后试着加入的那一组转身求助于老师:"老师……我们不想要跟他一组,我们没有一定要跟他一组吧?"很显然，这其中一定有某些原因。后来观察这个班级的研究人员才知道，原来鲁宾是一个非常聪明的孩子，只要有他在，他一定会成为主导者。

"你最喜欢上哪一堂课？""下课"

下课的游戏时间是学校生活当中很重要的一部分。8—9岁的孩子需要在学习当中休息一下，而呼吸几分钟新鲜的空气对他们也是有益的。然而，典型的学校操场其实提供了相当复杂的东西。那是一个让孩子探索自我、交朋友及培养友谊的社交场所，也是让孩子体验归属感和排斥感的场合。在操场上，他们可以了解自己的优点和缺点，体验根据年纪、性别、能力甚至只是体能所形成的高低位阶。对某些孩子而言，操场是一个可怕的地方，他们会尽其所能地避免靠近它。他们就是那些老是自愿在中午吃饭时间协助老师的学生，或是在快要下课时会望着天空，心中暗自希望老天爷下一阵骤雨的孩子。但对于其他的孩子来说，下课是他们可以表现出胜过其他人、领导其他人和让其他人对自己印象深刻的时候。操

> **贴心小叮咛**
>
> 这年纪的孩子很想成为某个团体中的一分子，同时也想结交一个对他而言很特别的朋友。

场是很多孩子尝试社交关系的场所,尤其是在这个年纪,他们对自己是否要加入某个团体的想法感兴趣,同时也想有一个特殊的朋友,或最好的朋友。当然,若是没有足够的监督,操场也是一个相当危险的地方。

在操场上,8—9岁的孩子通常会从事各种活动,喜欢运动的男孩们可能会踢足球,有时候当人数不够时或是当其中有一个人特别厉害时,年纪较大的男孩们会愿意接受和较低年级的男孩一起踢足球。很多学校必须禁止孩子带球到学校来,因为这样会让他们成为被欺凌的对象。

还有许多可在操场上玩的传统游戏,像跳房子,在这个年纪的女孩当中是相当受欢迎的。然而,仍然会有孩子们挤在长椅上,或靠在墙上,交换着不同的信息,或推挤着抢位置。有些两两成对的孩子会在操场周围闲晃,女孩子们手挽着手,拒绝其他人加入,破坏这个两人团体。老师曾经说过,8—9岁是一个相当迷人的年纪,因为孩子们都想要融入团体,却不太能够应付。绝大多数的孩子还处在一个需要某种安全感的阶段,而这种安全感来自知道自己

> **贴心小叮咛**
>
> 老师曾经说过,8—9岁是一个相当迷人的年纪,因为孩子们都想要融入团体,却不太能够应付,绝大多数的孩子还处在一个需要某种安全感的阶段,而这种安全感来自知道自己有一个好朋友。

有一个好朋友,即使这个好朋友经常更换。8—9岁同时也是一个无法处理太多冲突的年纪。

> **贴心小叮咛**
>
> 8—9岁是一个无法处理太多冲突的年纪。

你在家玩什么游戏?

这个年纪的孩子在学校以外的生活当中可能需要帮忙做一些家务,或负责某些工作。但大家仍期望孩子在晚上、周末和放假时还是应该以广泛的游戏活动为主,包括不同的选择:有规划的体育活动、骑自行车或电动车、滑轮滑、玩建筑玩具、下棋、玩洋娃娃或模型小汽车、打电脑游戏和许多其他游戏。有些游戏是可以一个人玩的,有些则需要其他人的加入,可能是家长、兄弟姐妹或朋友。有些游戏甚至需要许多人一同参与,还要有一个大人协助指导或规划。很多家庭把休闲时间都花在看电视上了,但这项活动对于儿童发展的伤害(或没有伤害)仍有许多的争论。我们或许可以很轻易地泛论或是理想化电视开始普遍流行前的世代,那个时候(根据别人告诉我们的)家庭拥有自己的娱乐活动,家长也会花较多的时间和孩子一起玩。我们无法确定我们到底失去了多少,不确定电视和其他科技产品的好处是否大于其所带来的问题。然而,越来越明显的是,不会玩游戏的孩子

> **贴心小叮咛**
>
> 有研究显示，不会玩的孩子在学习和发展社交能力上都居于劣势，所以多鼓励孩子们玩吧！玩出创意、玩出友谊、玩出健康、玩出快乐。

们——无论是无法和别人一起玩，还是无法以有创意的方式进行游戏——在学习和发展社交关系上都居于显著的劣势。

"自己玩"隐喻的意义

有些8—9岁的孩子从来不去试着和他人一起玩，也从来不会想要引起大人们的注意或是赞同。这些孩子有时候会被误认为是"独立的"或"可自我满足的"，但较为正确的想法应该是他们可能没有机会跟一个有趣的、能够给予自己足够注意力的大人一起玩、一同分享并庆祝他们的成就。

> **贴心小叮咛**
>
> 自己一个人玩的这个行为可能表示他们很急迫地想要振作起来，处理好焦虑的感受，处理自己的孤单。

自己一个人玩的行为可能表示他们很急迫地想要振作起来，处理好焦虑的感受，和处理自己的孤单。若这已经成为根深蒂固的模式，表示孩子可能怀抱着一种自己无所不能、可以自给自足的假象，并真心地认为自己不需要任何玩伴。在孩子一个人玩的时候进行观察，可以看出他们正专注于一个生动的想象世界。通过更仔细地观察可以发现，活在自己的世界里的孩子的游戏内容通常是很贫乏的。

> **贴心小叮咛**
>
> 时常自己一个人玩的孩子并不一定喜欢这个模式，可是久而久之，他可能会认为自己是不需要玩伴的，而这个想法是危险的，大人必须要警惕并帮助他。

需要限制孩子玩某些游戏吗？

模仿是游戏当中相当重要的一个元素，但如果孩子的游戏内容仅仅止于模仿，就值得担忧了。仔细观察孩子们的角色扮演游戏（假装游戏）可以发现，有些孩子在游戏中尝试了不同的人物身份，并在心中编造了关于这个游戏的故事情节，其他孩子则仅是在重复事情发生的过程，并没有加入任何发展或趣味性。举例来说，这些孩子会重新布置娃娃屋里的家具和娃娃们，且以和现实生活相同的精确方式呈现，但是从来不会为娃娃屋或住在里面的娃娃居民发展任何故事。他们宁愿模仿别人的画作，也不愿意自己创作，通常也会在自由创作绘画上遭遇困难。

> **贴心小叮咛**
>
> 通过观察孩子如何玩耍，可以得知孩子内在的问题和学习阻碍在哪里，譬如孩子玩扮演游戏时，只会重复性地模仿，而没有新的玩法，表示他的想象力和创造力可能还没有受到启发。

在游戏内容绝大部分都是模仿的这群孩子当中，可能会有些无法处理想象力和象征性的游戏，原因是他们分辨真实和假装的能力可能真的不行或有部分缺失，曾经受过心理创伤的孩子尤其会有这样的困扰。

举例来说，在一个小学班级当中，助教发现自己必须一直跟伊克巴尔保证，班上的同学们一起做的火山模型不会真的喷发。当老师说到这件事情时，伊克巴尔居然愣在模型前面，还用哽咽的声音问助教，火山熔岩会不会流到他住的地方去。正是因为孟加拉国的大水灾让他无家可归，他才和父母来到了英国。

受创的生活经验会让孩子们特别激动且格外警觉，他们或许是无意识地戒备着下一次的攻击，且对会被一般儿童所忽略的噪声有紧张的反应，例如，飞过的直升机所发出的声音、学校外面进行路面施工时的水泥搅拌机的声响以及远处的警笛声。

这些在事实与想象之间（真实与假装之间）界限模糊的孩子可能不是好玩伴。他们可能很随兴地玩起一个游戏，然后逗趣地跌倒，却会对别人不小心敲到他大惊小怪，暴力相向，且真的表现出想要伤害他人的样子。竞争性游戏最后可能会演变成类似的结果，因为当中的竞争对某些孩子来说太真实了。举例而言，脆弱的8—9岁的孩子可能会开始玩大富翁（无论是传统版本的还最新的电子版本的），虽然知道自己玩的是假的钱币，但在游戏过程中，孩子们仍可能因为赢得许多金钱和权力或者输了很多钱或担心失败，而感到极度害怕，以致过于投入，而导致游戏内容在他们心中变成了事实。这和我们所知道的竞争性对抗不一样，一般的竞争性对抗会在某种程度上吸引我们投入，而且这是在学习"竞争和输赢"时很重要的一部分。

　　受过创伤的孩子有时候会因为某些情境而再次陷入伤痛之中。一个刚开始看起来像是游戏的活动，很有可能到后来变得过于真实。以下是一个可生动描述这类状况的案例。有一个在被安置在寄养机构之前曾受过家暴的孩子，在一次游戏当中，他用手捶打着泰迪熊，但慢慢地变成了发了狂似的越来越用力地揍着玩具，直到把熊打倒在地。曾经受过性侵害或看过不适宜的性行为的孩子有时会对受生理吸引所产生的爱抚行为感到困惑。当他和其他大人或儿童有肢体接触时，可能会误认为这个动作是他人好色的行为。

　　在上述状况中，大人需要辨识发生了什么事，并在需要时介入处理。在脆弱的孩子玩电脑游戏时，更需要特别注意。暴力电脑游戏是否会导致儿童有暴力倾向的争论往往忽略了这一点，通常仅着墨于电脑游戏的内容本身，而忽略了游戏玩家自身的心理状态。能够分辨真实与想象，知道何时是在玩游戏、何时不是在玩游戏的9岁儿童通常不太可能被游戏当中的某种程度上的暴力行为吸引，他们知道什么时候该停止，提醒自己真实世界的状况，比较不可能因某些程度的暴力刺激而受到影响。而内在世界缺少安全感和缺乏真实感的孩子可能对游戏的内容过于信以为真，感觉过于兴奋刺激和身处危险当中，这会让他们习惯于强度较高的刺激，甚至是上瘾而无法自拔。相较之下，现实生活看起来就比较无趣、平凡和普通了。

> **贴心小叮咛**
>
> 关于电脑游戏是否会导致了儿童暴力行为的争论往往将重点放在游戏的内容上，而忽略了玩家的心理状态。

安静的孩子喜欢的游戏

大部分孩子其实是可以分辨现实与想象的，并且偏好现实生活。这些孩子会偏好根据事实撰写的书籍，而非小说，也喜欢拼图、数独和其他类似的电脑游戏。他们需要确定性，会因为知道所有问题都有一个"正确"的答案而感到安心，可以一次又一次地重复

> **贴心小叮咛**
>
> 我们不应该给喜欢静态活动的孩子贴上类似"怪胎"或"书呆子"的标签。

同样的过程,而总是可以得到相同的结果也会让他们觉得有安全感。时下的文化对于这些孩子其实不太友善,常常有人用"书呆子"或"怪胎"将他们标签化。

在一般的教育过程当中,这群孩子通常在各方面都表现得相当不错,也不会给老师们惹麻烦。但他们可能在社交关系上很孤立,且会避免和其他同伴有所接触。如果有可能,会尽可能独立完成作业。若是要求他们在不同的活动当中与其他儿童配合,或加入另一个团体,都会引发无法忍受的焦虑。这时,可能需要更进一步地了解孩子的心理健康状况,通常都有一定程度的问题。

> **贴心小叮咛**
>
> 有些孩子喜欢单独做作业,而不习惯与他人合作。一旦勉强他和别的小朋友配对,就会导致焦虑。此时,大人们要懂得观察孩子关于此现象的反应轻重,以给予适当的关注与协助。

> **贴心小叮咛**
>
> 并不是所有孩子都喜欢竞争性游戏,有些孩子就是喜欢独立做作业、静态阅读和有标准答案的游戏,例如,拼图、数独及类似的电脑游戏。唯一要注意的是,如果他们完全无法融入团体,就要格外留意了。

菲利浦是一个高大、清瘦的男孩,有一双淡蓝色的眼睛和有点冷漠疏离的表情。他非常擅长数学，也喜欢埋头于具有挑战性的计算当中。在学校的生活当中，数学课是他的最爱，反之，文学课则是他最讨厌的部分。在阅读课上，充满信息的读物，例如，跟事实、机械、汽车、火山及恐龙有关的数字，都会吸引菲利浦。他的老师试着以故事书引起他的兴趣，但他感受不到故事书想要传达的信息。他在作文里运用了许多信息，而想象的部分占得比较少。

菲利浦并不介意其他人叫他"火车怪客"，要是在操场上有人叫他"怪咖"，菲利浦会冷静地转过身回答："我是。然后呢？"他自己觉得无所谓，他的父母也不担心。菲利浦和兄弟姐妹以及同辈亲戚们相处得不错，班上的同学也不介意和他一起合作，他对于数学的热爱在小组作业中其实是蛮有帮助的。

唐诺的处境就不一样了。他也相当擅长数学，但并不是顶尖厉害的。唐诺对交通工具有着无比的热情和兴趣，尤其是对火车和公交车。他可以说出多数进城公交车的时刻表，周末的时候会在自己家外面的马路上和主要干道的交叉路口记录来来往往的公交车。无论是在家里还是在学校，唐诺都无法好好地处理社交关系。他宁愿一个人坐着。若是要他和其他孩子坐在一起，即便是和自己的妹妹，他也会开始流汗和呼吸急促。任何不建构于明确事实的活动都会让唐诺感到紧张害怕，且因焦虑而开始大声讲话和行为冲动。

在家里，唐诺很满足于独处，做自己感兴趣的事情。当家人一起用餐或是一同外出参加活动时，他的应对也不是很好。日常生活当中事先安排好的事情如果突然改变，会让唐诺觉得惊慌。他最讨厌和全家人度假。唐诺的爸妈和姐姐颇觉困扰，他们觉得唐诺需要一个可预期的生活，而这样处处受限的生活模式已经到了让他们无法忍受的地步。唐诺自己并不太介意，只要需求是优先被满足的，其他人的感受对他而言是无关痛痒的。

唐诺的父母询问过学校，且替唐诺安排了完整的评估，来了解他的能力和需要。心理咨询师在学校里进行了一连串的测试，并将这个个案转介到了当地医院的儿科。几个月后，唐诺被诊断出阿斯伯格综合征的症状。大家希望唐诺会关心这件事，但实际上他并没有，若要说这件事情对唐诺有什么影响，那就是让他觉得有点放心，因为阿斯伯格综合征这个标签让他得以对付在学校受到的欺负。唐诺的父母开始设法了解与阿斯伯格综合征相关的信息，加入了家长支持团体，与团体成员相互支持，而其他成员还提供了处理唐诺的特殊需求的建议。父母也开始多关照小女儿的需要了，并会多花一点时间在自己身上，无论是独自一人还是夫妻俩在一

> **贴心小叮咛**
>
> 当发现孩子有社交困难、无法忍受别人的碰触、偏执于某项事物，或因为事情不在他的预期内而开始焦虑、无法控制自己、大声说话及做出冲动的行为时，父母最好带他到医院做检查，找出问题的根源，好对症下药。

起时。此外，学校提供了一些办法帮助唐诺处理自己的焦虑感受，并针对他觉得可怕的事物给予了个别的协助。

第三章
8—9岁的儿童喜欢看什么样的书？

这个阶段的孩子喜欢的书籍及影片有几个特色：悬疑冒险类游戏，角色要分好人和坏人，故事最后一定要有大团圆结局。

本章介绍了8—9岁儿童喜欢阅读的书籍与影片，像是《纳尼亚传奇》《魔戒》《哈利·波特》系列等，并提出了一个议题：是否该保护孩子不让他们看到悲伤的结局，或是有坏人战胜好人的结局，这很值得我们和孩子一起讨论。

本章还分享了这个年龄段的儿童创作的故事，你也可以仿照书中的方式和孩子玩玩看。

潜伏期的孩子常常沉溺于想象的世界，他们通常已经接受了圣诞老人和牙仙子实际上是不存在的，但对于虚构的世界仍然相当向往。他们最喜欢的故事当中大多都会有一个拥有无比强大能力的主人公，很多都是卡通片或是电脑游戏当中的人物，例如，动物、玩具、机器人和能够思考与说话的机器。若故事中有人类小孩，通常都是一群人，遭遇了各种挑战并一起探险。和一般生活有关的故事少之又少，倘若真的描述这样的情境，通常家长也不会存在于故事当中的。

近年有几部受欢迎的影片，如《纳尼亚传奇》（*The Chronicles of Narnia*）和《魔戒》（*Lord of the Ring*）。这让那些年纪还不到可以阅读这些原著小说的孩子或是无法接触校外书籍的孩子，也可以亲近这些精彩书籍里的故事和角色们。这些故事都探讨着一个共同的主题，在好与坏之间的挣扎，且正义的一方一定会获得最后的胜利。在故事发展的过程中会发生许多可怕的事，多数的孩子会喜欢某种程度令人感到震惊和悬疑的情节，而最后当所有的困难都被克服时，孩子们会感到安心。

是否该保护孩子不让他们看到悲伤的结果，或是有坏人战胜好人的结局，对于这样的讨论仍然存在意见分歧。很多现代童书的作者会描述一些与真实生活相关的议题，例如，欺凌、家庭破裂和收养。这些书籍也广受8—9岁的小读者的欢迎。这些故事能吸引那些在故事中看到了与自己有相同经历的孩子,和那些虽然没有直接受到伤害,但对这些事物感到好奇的儿童。

就像其他问题一样,这引发了一个关于这个年龄的重要议题,那就是不同的孩子在接受程度上有相当大的差异,有的孩子可以坦然地面对,有的却觉得相当地讨厌。有时候,这纯粹是不同的孩子在情绪发展上的差异造成的。在一般班级的阅读课中,有些8—9岁孩子可以看由插图加上简单文字的绘本,其他人则会沉溺于J. K. 罗琳(J. K. Rowling)所著的《哈利·波特》(*Harry Potter*)系列的大量文字当中。然而,有时候,发展上的差异在于不同和更严重的状况。有些孩子对于事实和想象当中的差异

> **贴心小叮咛**
>
> 以往较少有贴近真实生活的故事绘本,而近几年来,这一类型的故事绘本有日益增多的倾向,内容包括父母离婚、亲人失业、死亡及同性恋等议题。如今,大家讨论的一个议题就是这一年龄的孩子适合阅读这种类型的绘本吗?我们需要提早让孩子接触人生的残酷面和悲伤的结局吗?

> **贴心小叮咛**
>
> 这一阶段的孩子的阅读程度差距很大,有的仅能阅读绘本,有的已能看哈利·波特系列小说了。其实无妨,只要孩子喜欢阅读就好。

并没有很清楚的认知和理解,当面对一个影响力强大的故事、电影和电视节目时,他们会感到困惑。这个议题在上一章已有了深入的探讨。

孩子自己写的故事

孩子写的故事通常都会显露出自己的兴趣、担忧和心里所挂念的事物。

接下来的部分引自1999年底由英国慈善团体"儿童热线(Child Line)"资助出版的书籍,其中包括了千禧年征文活动:以99个单词写一个有关千禧年的故事,且文章要以"突然之间"开头。

珍·安娜·洛克,$8\frac{3}{4}$岁

突然之间……妈妈如一阵风般在我的房门口闪过。"你的房间又是一团乱!"妈妈大叫着:"珍!这是最后的警告。"随着妈妈自言自语地走下楼去,她的声音也逐渐隐去了:"等爸爸回来,你就知道了。"我躺在床上,无视身边的混乱,想着该如何庆祝千禧年的来临。灵光一闪,我想到了!我整理了房间,擦拭了窗户,把所有的东西都收好。我想妈妈会很高兴。毕竟千禧年就要来了,而且照妈妈说的,这已经是她第1000遍叫我整理我

的房间了。

这个故事当中包括许多属于8—9岁的小女孩的典型特征。第一,是她用 $8\frac{3}{4}$ 岁来描述自己的年纪,即将9岁了这个事实对她而言似乎是相当重要的。接着,她选择以家庭生活作为故事背景,但情境是自己有点叛逆、近乎青少年的样子。她发现了千禧年和大家常说的"我跟你讲过1000遍了"之间的联系,并且利用这个笑话来发展她的故事。

路易丝·欧科克,8岁

> 突然之间,我醒了过来,发现自己并不是睡在房间的床上,而是在花园里,而且自己只有不到8厘米高。我站在一个千禧仙子旁边,她告诉我,她的名字叫千禧妮雅,是来送千禧礼物的。她问我想要什么,并给了我一个盒子。盒子的外面写着千禧年魔法的字样。当我打开盒子的时候,千禧年的光芒环绕着我,当我再度睁开眼睛的时候,我又安全地躺在自己的床上了。

这个故事在标点符号的使用上和字里行间散发的幽默感上,没有前一个故事精彩。但同样也是这个年纪很典型的作品。路易丝想象了自己如果变得很渺小,成为一个缩小版的自己,感觉会怎样。这个故事里面有魔法,还有仙子来赠送礼物,并确保在故事最后,主人公路易丝本人会安全地回到自己的床上。8岁的孩子对自己的床相当依赖,且绝大多数人希望故事有个美好的结局。

亚当·雷德,9岁

> 突然之间,千禧虫出现了。在国会里,它们一直对计算机搔痒,直到它们大笑到把屏幕给关掉了。然而没有了计算机,那些国会议员们就不记得自己的演讲内容了,所以他们就回家了。在东京,计算机里的所有电线都变成了面条。老板们把这些丢出了窗外,大家都拿着筷子吃面条,直到太饱了,再也吃不下了。在美国,航天飞机在飞往运行轨道的途中在天空中划出"哈啰,妈妈!"的字样。在大家庆祝新年的来临时,虫子们被风笛的声音吓到了,而且再也不会出现了。

9岁的亚当为不合理的事物发展了良好的可理解性,他的故事和前面两位8岁小女孩的故事不一样,亚当并没有把自己当作故事的主人公。在整个故事当中,没有一个"我"字。他展示了有关外面世界的知识,他知道有不同的国家,而且知道与工作相关的世界——计算机、国会议员们和老板们。然而出人意料的是,他也在相同的地方倾注了精力,包括魔法和快乐的结尾。或许,这个故事最有趣的地方是,在一片混乱和刺激当中,"哈啰,妈妈!"

被编在了故事情节里。这个9岁的孩子其实也没有离开家太久太远。

> **贴心小叮咛**
>
> 从孩子写的故事中,你能看到孩子显露出来的兴趣、担忧和心里所挂念的事物。想了解孩子,就多看看他写的文字吧。

孩子懂得幽默吗?

和7—8岁的孩子一样,8—9岁的儿童喜欢自己可以听得懂的笑话、谜语和韵文。他们不停地说着"敲敲门"和"大象"的笑话,喜欢改编知名歌谣的歌词,自得其乐。

以下有两个例子,第一段是20年前的一个8岁的孩子说的;第二段则发生在近几年。内容上有所差异,不过本质精神很类似。

> **贴心小叮咛**
>
> 这个阶段的孩子喜欢自己听得懂的笑话、谜语和童谣,而且还非常喜欢自己改编歌词;此时可以跟孩子玩写写小诗的游戏。

就一个蛋卷冰激凌
给我吧!

他 X 的不可能

要付 60 元！

玛丽玛丽相当爱唱反调

你花园里的花草长得如何啦？

我住在公寓里，你这个白痴

我他 X 的怎么会知道？

这两个孩子唱的歌谣听起来有点伤风败俗，主要是因为其中掺杂了脏话。大多数 8—9 岁的孩子偏好以笑话为主的幽默，而非像小丑般搞笑或胡闹。他们可能会对丢蛋糕的手法或其他类似掉入"油污池"或"泥巴池"的笑梗哈哈大笑，并会因为有人听懂了他们聪明玩弄词句上的笑点而颇有成就感。

> **贴心小叮咛**
>
> "便便，冲掉；马桶还在"是这个年龄层儿童惯有的幽默，凡事只要讲到屁屁、屁股或小鸡鸡，都会令他们乐不可支，笑到不行。而且当大人能够体会他们玩弄文字词句的幽默时，他们通常会很有成就感。

很多 9 岁的孩子对于现实生活里的笑话有着内在的恐惧，这是因为他们正处在一个无法忍受变成众人的焦点或成为被羞辱的对象的年纪。

他们的自信和逐渐发展的独立感是很不容易建立起来的，而且很容易被一些不好的经验所打击，比如觉得自己很丢脸，或觉得自己很渺小。他们不想成为笑话中的主人公，也无法忍受其他人嘲笑自己。

哈利·波特的故事便正中红心地讨论到了这个议题。9岁的小读者们（或是看电影的小观众们）可以心无旁骛地进入魔法的世界。韦斯利双胞胎兄弟的魔法发明就等同于霍格沃茨魔法学校中的老把戏，例如，假血或是仿造狗大便。这对兄弟想出了很多稀奇古怪的魔法物品，哈利·波特和他的朋友们都很喜欢。当遭到马尔福和他的跟班们的欺负时，他们也会利用这些魔法加以报复。9岁的孩子们可以看到马尔福的不安，且因为知道自己站在好人这一边而感到安心。而且这些事情都是在父母看不到的寄宿学校当中发生的，更增添了乐趣。主人公还是一个父母双亡的孤儿，有着与他人不同的奇特遭遇，对于潜伏期阶段的孩子们来说，这些都是小说该具备的完美元素。

第四章
小大人们的烦恼

本章清楚地描述什么样的事会困扰孩子,像是父母神秘兮兮的、家庭气氛怪怪的、面临宠物或亲人的死亡、新闻事件的影响、第一次在外过夜及搬家,都会令他们忐忑不安与焦虑。

所以,是否应该将家中状况如实告诉孩子,是本章讨论的议题之一。

另外,关于如何协助孩子第一次在外过夜、如何教导孩子面对死亡的失落,以及如何看待新闻事件所带来的冲击等,也提供了不少具体的好方法。

我们家发生什么事了？

就算禁止孩子们观看新闻，他们仍然会从家长和老师身上以及整个居住环境当中感受到焦虑。就算爸妈非常小心地不在孩子面前讨论烦恼的事，也能很清楚地感知到孩子似乎知道自己正在烦恼着。

约翰尼推开了他的食物，抱怨有点肚子痛。他不想去上学，即使今天是周三（这是约翰尼最喜欢的一天）。他一整天都待在床上，而且没吃什么东西，但最后他还是要求爸妈让他下楼来玩电脑。隔天，约翰尼仍然拒绝去上学。妈妈想一定是在学校里发生了什么事，可能是有同学欺负他，所以联络了学校老师，却没有发现任何问题。接下来的一周，约翰尼只去了学校两天。妈妈试着和约翰尼沟通到底有什么问题，也表示完全不相信肚子痛这个说法。约翰尼哭着告诉妈妈，他想如果自己在家，妈妈就会很安全，爸爸就不会打包行李离开他们。约翰尼说他注意到，每当自己或哥哥踏入房间，爸妈就会停止讨论。约翰尼知道家里缺钱，因为他看到了一叠账单，而且不小心听到爸爸说在新堡有一个不错的工作机会。妈妈向约翰尼保证，爸爸不会离开他们，他们只是在讨论父亲公司重整的可能性，其中一个选项是搬去新堡，但目前还不想让孩子们担心。

关于约翰尼的父母是否该让孩子们知道他们在考虑搬家这件事情仍有争议。的确,这个案例明显是大人们的事。然而,大人们的心思可能不自觉地被这些事情所占据,而在每次私底下讨论这件事情时,可能都没有特别留意孩子。很显然,约翰尼是一个敏感的孩子,他将他的怀疑和爸妈不知道的经历联系在一起,例如,朋友家里发生的事情,或从电视节目里看到的情节。只要没有理由让孩子继续怀疑自己只知道一半的事实。这年纪的孩子通常都会接受大人的保证。整体来说,孩子们会希望回到潜伏期时那种无忧无虑的生活当中,那会儿相对来说较单纯,他们只需要专注于游戏和学习就好了。

> **贴心小叮咛**
>
> 大人别以为已经把担忧的情绪隐藏得很好了,孩子可以很敏感地嗅出。到底该不该跟这个年龄的孩子开诚布公,的确需要缜密的思考和真正了解孩子,才能做决定。

对生命与死亡的担忧

实际上真的遇到死亡时,孩子通常会表现出不在意的样子,用这件事情似乎并不重要的态度来处理自己的感受。他们可能想避开"知道"家中有人死掉这件事,甚至说出一些话语或做出一些行为，让大人们觉得孩子对这个事件是不敏锐的，或是觉得无关紧要的。在这个年纪，儿童通常都能够理解死亡便是终点这个概念，且不会期待亲人或是宠物死而复生。他们知道无论是爸爸还是最喜欢的老师，都无法拯救死去的人。若不能通过寻找这个需要被拯救的人来否定死亡，孩子们可能会直接将自己置身于事外，假装这件事情从来没有发生过。换句话说，亲人甚至是宠物的死亡，都会使8—9岁的孩子陷入绝望的深渊，好像世界末日来临了一般。对儿童来说，死亡可能明确地让他认识到自己未来也会死掉的事实，或是父母有一天可能也会离开人世。这样一来，儿童会开始担心死掉的人们会发生什么事情，也会担忧自己是否会孤单一人留在这世界上，是否可以应付。

> **贴心小叮咛**
>
> 在这个年纪，孩子已经知道人死不能复生的道理了。有些孩子会假装不知道"死亡"这件事或表现出不在乎的样子，其实只是在让自己避免承受这样巨大的伤痛。

孩子也可能因为听到或看到的新闻而受到惊吓。2001年恐怖分子袭击纽约之后，孩子们对于飞过头顶的直升机特别敏感，晚上也会做噩梦，梦到自己住的大楼倒塌了。2004年东南亚海啸过后，有些儿童对于到海边去会感到相当焦虑。2005年人们拍摄的美国新奥尔良遭遇卡特里娜飓风时的照片，再度勾起这些恐惧。2007年，英国利物浦有一个11岁的儿童遭到枪杀，之后有上百名儿童因为过于害怕而不敢走出室内到马路上去,导致学校的出席率明显下降。诱拐儿童的故事有着非常直接的影响,程度更甚于非洲饥饿儿童的照片。可以确定的是,因为孩子们大多可以想象自己可能成为诱拐事件的受害者,而非洲饥饿儿童的照片对他们而言仍然是有距离的。

当新闻报道有孩子失踪时,敏感的8—9岁孩子便会注意到。有时候,家长很难理解为什么孩子会因为发生在陌生人身上的某件事而感到非常难过伤心。孩子自己可能也不太清楚到底是什么让他这样的感叹,有可能是这个故事当中的某一部分在他的内在心世界引起了共鸣,而这一部分还不在他有意识的思考里。有一个相关的案例。一个8岁的孩子看到了新闻报道了一个6岁儿童的绑架案,便开始担心自己6岁妹妹的安危,这不仅关乎姐妹之爱,这个姐姐对妹妹一直有一种矛盾情结,她现在之所以觉得更需要保护妹妹,是因为她下意识地担心自己对妹妹的敌意可能会带来与绑架类似的灾难。

潜伏期的孩子常会因为自己没有说出来的想法和感觉而承受着罪恶感和焦虑。在8岁和9岁这个阶段,他们已经知道了是非对错,若自己曾经不怀好心或有想要攻击他人的想法,就会觉得愧疚而烦恼。就如同上一段所描述的案例,孩子们常常担心自己对他人的敌意会造成悲惨的后果。有些儿童之所以会养成执行某种仪式的习惯,或形成某些行为,都是为了确保坏事不会发生。

泰伦的"习惯"已经对家人造成很大的困扰。他从小一直就是一个"挑剔的、难以取悦"的孩子。到了9岁的时候，他会依据脑袋中的一本无字天书来规划生活里的所有行为。泰伦在家里会不停地洗手，而且只能用他自己的毛巾把手擦干。他不愿意吃碰过其他餐盘的食物，马克杯也必须单独清洗，不能跟其他的碗盘一起洗。泰伦的房间干净整齐得毫无瑕疵。要是有任何人进到他的房间挪动了任何东西，他就会呈现歇斯底里的状态。睡觉的时间尤其麻烦，泰伦会用他的方式，缓慢地进行睡前的例行工作。在他洗脸、刷牙、折衣服的过程中，若是有任何事情干扰了他，他就会重头再来一次。最后，妈妈还必须用同样的方式说出同样的话，才可以关灯。

要是在家里，所有这些例行工作和仪式都可以按照计划进行，这样泰伦便可以应付学校的状况。他的成绩不错，而且在学校里似乎可以较为放松，对于清洁状况的顾虑少一点，也较不担心会被污染或弄脏。泰伦的老师知道他的状况，但她只愿意做一小部分的让步，在多数时间，老师并不允许泰伦和班上的同学做不同的事情。

泰伦的父母为了了解儿子的怪异行为，咨询了专业的意见。因为相较于学校，泰伦在家里觉得很不安全，这让他们相当沮丧。学校咨询师说，虽然他不是很确定，不过很多孩子之所以会培养出固定仪式，大多是为了说服自己可以控制发生在所爱之人身上的事情。咨询师表示，泰伦可能不是太过担心受到伤害,而是担忧身上的"细菌"会让父母生病,他的固定仪式可能是要确保家人都安全无虞。这听起来有点奇怪,不过泰伦的妈妈觉得好像有点儿道理。这让她有了勇气,想要试着改变泰伦的习惯,主动让儿子知道妈妈是很强壮健康的,无论他害怕的是什么东西,家人都可以克服困难并生存下来。妈妈很讶异地发现,泰伦很快就适应了她的新方式,而且慢慢放弃了很多固定的仪式。不过,他还是无法改变睡前的例行仪式。最后,爸妈决定暂时让泰伦继续保留这个行为,希望未来有一天,等他想要到同学家过夜或参加学校的旅游时,会主动想要改进剩下的问题模式。

孩子第一次单独在外过夜

很多8—9岁的孩子在学校的例行生活虽然能照常进行,却也在秘密地与某些隐藏的问题奋战着,这些不为人知的困难在孩子的心智和体力上占据了很大一部分。的确,隐藏秘密所花的力气和儿童发展其他方面一样,通常都会被忽略。

接下来的这段关于学校活动的描述或许可以描绘出某些普遍的困难,而这些困难是这个年纪的孩子还不想承认的。

戈麦斯老师的班级即将参加一个为期三天的校外旅游,会在80公里外的活动中心过夜。孩子们之前就知道今年可能会针对这个年级举办这样的活动,但没想到会成真。孩子们马上觉得自己长大了许多,兴奋的情绪马上在教室内蔓延开,大家纷纷转身与自己的好朋友讨论起来,且开始分配谁要跟谁住一个房间,在游览车上谁要跟谁坐在一起,等等。有一群小男孩们甚至已经开始讨论要带多少零用钱出门了,另外一群孩子则询问老师可不可以带电动玩具。然而,戈麦斯老师注意到了约翰,他的脸色变得非常苍白;还有苏西,她此时正望着窗外,看起来快要哭出来了;奥马尔则频频问老师可不可以下课了。戈麦斯老师在心中暗自记下了这三个孩子的状况,他们可能需要额外的照料,他也许需要跟这些孩子的家长谈谈。从前几年校外旅游的经验当中,戈麦斯老师了解到这种活动总是会引起一些孩子不愿意让他人知道的恐惧。他知道,有些孩子会担心校外旅游所提供的餐点没有他们可以吃的,有些孩子甚至没有在外过夜的经验,有些孩子则不知道自己可不可以应付没有睡前的例行仪式的情况,或是可不可以带最喜欢的玩具。另外一个普遍的问题是尿床,有些孩子因为害怕自己尿床的秘密被发现,而觉得自己永远无法参加学校组织的校外旅游。

许多8—9岁的孩子在第一次离家外宿时,都需要大人们主动协助,就像3岁的孩子需要大人的帮助才可以离开爸妈去幼儿园上课或是去游乐场玩。对大多数孩子而言,这个过程通常是从拜访其他小朋友的家庭开始的。在别人家玩着别人的玩具,和除了自己家人以外的家庭吃饭,都是真正可以离家外宿之前重要的经历。全家一起度过的假期,无论是住在旅店、民宿还是营地,也是离开大人独自过夜前的重要步骤。很多孩子可以通过留宿在祖父母或是其他亲戚的家里来练习适应这样的成长。

到了8—9岁这个年纪,孩子的社交生活当中包含了"玩伴"和留宿朋友家。很多儿童希望能够把握这样的机会,但要把自己托付给别人的父母一整夜,这可是向前迈出了一大步。

> **贴心小叮咛**
>
> 孩子第一次单独在外面过夜时,父母事前可以做些什么,来减轻孩子的担忧?首先从住旅店开始,训练孩子习惯不在家里睡觉的感觉,接着是到同学家留宿,然后再慢慢地进入单独在外过夜的阶段。

凯伦和史黛西在学校是最要好的朋友。她们住在同一个社区,常常在对方的家里玩到不想回家。凯伦在史黛西的家中有过好几次的过夜经验,第一次是6岁的时候,凯伦的妈妈因为临时要前往姥姥姥爷家处理紧急事务,所以询问了史黛西的妈妈是否可以帮她照顾凯伦一两天。从那时候开始,凯伦就经常留宿于史黛西家的,有时是因为妈妈有事要外出,有时是小女孩们太过于专注所进行的活动,直到睡觉的时间都舍不得分开。史黛西倒是从来没有在凯伦家过过夜,凯伦有邀请过她,不过史黛西想办法请妈妈找了个理由回绝了。她不肯讨论这件事情,两个妈妈也不能理解到底问题出在哪里。最近,因为保拉的生日,这两个小女孩都收到邀请去参加生日派对,并且要在她家过一夜。凯伦对这件事情感到很兴奋，但是史黛西并不想去。她妈妈认为有必要说服史黛西说出她的担忧。史黛西承认自己很害怕，并担心万一半夜醒来，爸妈在她不在家时会受到伤害，或是离开家丢下自己不管。史黛西知道自己根本不需要担心这种事情，而且当自己去学校上课的时候，或是爸妈晚上出门由保姆照顾她时，她也没有担心过爸妈的安危。史黛西说因为在自己家里，若是有需要，半夜她可以随时到爸妈房间里查看他们是否安全无恙。妈妈觉得母女角色的颠倒相当有趣，但忍住没有笑出来，反而建议由她来跟凯伦的妈妈讨论看看，是不是有什么方法可以改善。

凯伦的妈妈想到了一个方法，让史黛西到她家练习在外过夜。史黛西可以随身带着手机，要是有需要，可以随时打电话给爸妈。凯伦的妈妈也答应，若是在半夜史黛西觉得很害怕想要回家，她一定会马上送她回家；还建议不要把这件事情告诉她先生，这样史黛西就不会觉得尴尬了。有了这些保证，史黛西在凯伦家里度过了一个非常舒适的夜晚。两个小女孩玩到筋疲力尽，在睡觉前，史黛西打了一通简短的电话给妈妈，然后就进入了香甜的梦乡，跟在家里一样睡得相当安稳。两周之后，这对好朋友一起参加了保拉的生日派对，史黛西仍带了手机，不过她想自己应该不会用到。

准备好了吗？

如同之前所强调的，在一般的情况下，孩子们会在潜伏期重新审视例行的活动和可预期的行程。焦虑的程度有时会因为改变而加剧，与儿童所面临的集体出游并在外留宿或是和凯伦、史黛西所面临的状况相比，这些改变所造成的影响没有那样严苛。针对一般的改变和转变，孩子们会发展出各种各样的方式来应付随之而来的焦虑。有些孩子会花上数小时绘制时间表、日历和房间配置图。很多孩子喜欢列列表，主要用来包容他们的焦虑。他们会将朋友逐一列出，感觉有很多的朋友可以让他们安心。孩子会列下自己的一些规定，让朋友签署。他们也会列出运动队的名字，表示自己拥有最好的球员或运动员。孩子们还会列出想要得到的生日礼物或圣诞礼物。当孩子们列出了家族旅行想要去的地方时，就不会对于未知的地点感到那么焦虑了。

8岁的孩子处理变化的能力与个性有关，且早期面对改变与分离时的经验也会有所影响。若在需要离开主要照顾者时曾得到过他人的协助，或是在需要离开家时经过某些步骤循序渐进地达到目标，孩子便会在内心形成稳定的安全感。这个能力能够帮助他们更有自信地面对日后所遇到的变化与转变。然而，焦虑永远不会消失。每一次转变都会让孩子想起有关早期的失去与分

> **贴心小叮咛**
>
> 这个阶段的孩子如何处理生活上的改变,与个性和自己早期在面对改变与分离时的经验有关。最好采取循序渐进的方式,可以将担忧及难过减到最低。

离的感受。对某些孩子而言,在面对小小的变化时,会很敏感地产生焦虑。这让学校的生活变成了很麻烦的事情,因为在学校里,老师或上课的地点总是有变化。有些孩子即使到了9岁,仍需要事先知道即将会发生什么变化,以便让自己准备好来面对。

例如,像搬家这样的事件可能会引起9岁孩子们既兴奋又恐惧的感觉。就像下面的案例描述的克洛伊一样,她的家人即将从市中心搬到一个小镇上。

克洛伊满心期待着搬家,她已经跟所有的好朋友们道了别,也去参观了暑假过后要去就读的新学校。

在搬家的那一天,克洛伊起了个大早,很期待出发的时刻。搬家公司的卡车停在外面,搬家工人开始将所有的家具和打包好的行李搬上车。克洛伊想要确认自行车不会被落下,因此她把车子骑到了搬家公司的卡车边。交给搬家工人时,一位工人对着同伴眨了下眼睛,然后拉长了脸对着克洛伊说:"亲爱的,对不起,我不确定我们能不能帮你运你的自行车!"克洛伊转身把自行车骑上了人行道附近的公园,她没有听到身后的搬家工人在叫她。克洛伊的父亲发现她坐在一棵大树底下哭泣,说她不想要搬家,她喜欢原来的家和原来的学校,这一点都不公平!

搬家工人有失判断的玩笑话让克洛伊的情绪一泄而出,这些感受原本是她一点都不想碰触的。克洛伊真心地相信搬家这件事会是一件有趣的探险旅程——她会有许多收获,不会失去任何东西。过了一会儿,克洛伊恢复了情绪,认真地向即将离开的旧房子告了别。她的父亲很敏锐地感受到了女儿的难过,建议把自行车放在他们自己的车上,这样克洛伊一到新家,就可以马上卸下自行车出发去探险了。

第五章
是好孩子，还是坏孩子

为什么会有赏罚制度？赏罚对于管教孩子有用吗？

班级里及家里常见的赏罚方式有哪些？

孩子怎么看待赏罚制度？对赏罚的反应又如何？

以上种种疑问，在本章都可找到答案。

近年来有人提出奖励制度会扼杀孩子潜力的说法，这是一个值得深思的问题；也有人提出具体的口头赞美比物质奖励更好，你认为呢？

奖励制度是否在无形中给孩子贴上了好孩子或坏孩子的标签呢？

本章提出了好几个方面的问题，让我们思考和讨论。

八九岁的孩子通常都很急切地想要取悦自己觉得重要的大人，或至少不要令他们失望。学校通过精心设计的奖励和惩罚系统对这样的特质善加利用，并且强调要尽可能地给予孩子适当的奖励称赞。在绝大多数的班级里，都激烈上演着孩子们竞相争取大人的称赞而努力获得好成绩或好表现的场面。较差的学业成绩或行为表现会让老师失望，且可能因此失去某些特权。许多学校都规划了集点数或集贴纸的奖励方式，让每一个孩子都可以朝着获奖励的目标努力。奖励品可能是有形、具象的（例如，糖果、铅笔或是锡罐装的小拼图），也可能是在"自由活动时间"里第一个选择要从事什么样的活动。注意力不集中、上课说话或者和同学吵架等偏差行为会遭到相应的惩罚，包括扣除点数或马上可以执行的惩罚，如缩短游戏时间。8—9岁的孩子很快就能领会这些规则的用意。聪明的孩子可以轻松地将这些赏罚规则玩弄于股掌之间。其他的孩子会对永远都达不到贴纸集点排名的前几名，或失去的贴纸的数量比得到的还多，而感到相当气馁沮丧。

对于这样的制度是否会逐

> **贴心小叮咛**
>
> 对于奖惩制度是否会逐渐扼杀孩子们的潜力仍有许多的争论。就像任何货币一样，若是给得太多，或太容易获得，就会贬值。

渐扼杀孩子们的潜力,仍有许多的争论。就像任何货币一样,若是给太多,或太容易获得,就会贬值。

教室里的奖励方式

对于七八岁的孩子来说,奖励方式通常是针对全班一起努力而赢得的奖励,在这个年纪很少有针对单一个体的奖励。其中一个有创意的方式是当老师找到理由可以奖励班上学生时,就会给他们一颗弹珠,并将弹珠放入教室门口的玻璃罐中。等罐子里放满了弹珠时,全班同学就可以得到一个奖励。但是,对八九岁的孩子而言,奖励其实是要鼓励孩子们更有竞争力的,包括对自己和对其他人,如同下列案例所描述的。

在8—9岁儿童的班级里,奖励方式是每一个学生都有一张集点卡(就像饮品店发的那种)。一个女学生发现自己集满了一张卡片,可以从礼物袋里换奖品,她高兴得大声欢呼

> **贴心小叮咛**
>
> 通常在班级里,较理想的奖励做法是不特别奖励称赞某个孩子,而是针对全班一起努力而取得的成果或好的行为给予奖励。对于个别表现良好的孩子,可以在私底下给予表扬,以免让其他孩子产生只有某某人好、我们都不好的错误想法。

起来。老师说她可以在礼物袋中挑选自己想要的礼物。但老师没有看见,当小女孩发现老师没有再多说些什么,也没有任何人对她所得到的礼物表示感兴趣时,她脸上露出了气馁的表情。

在这个班级中可以看到很有趣的情况,即孩子们在可以兑换礼物时,会展现出的不同反应。有些孩子会高举所换到的礼物,心满意足地注视着每一位小朋友;有些孩子则偷偷摸摸地拿了礼物,并很快地把礼物收到了书包或是口袋里。在孩子们的行为反应背后,有不同的理由。有些孩子是真心地感到骄傲,有些则觉得自己优于其他人。会把奖品藏起来的孩子可能会担心其他人羡慕自己,也可能是害怕有人偷走奖品,或是觉得自己本来就不应该得到礼物。他们真的应该得到这些奖励吗?他们是不是作弊了?或者是不是有其他人更应该得到这些礼物呢?

在另外一个8—9岁儿童的班级里,老师会在黑板上登记名字,在黑板的右边记下的是表现优异的学生的名字,而左边记下的是做了错事或表现不好的学生的名字。如果你的名字在黑板左边出现了两次,就会受到某种惩罚,例如,下课不能出去玩,或是被罚劳动服务,像是下课后要帮忙整理教室。

很明显,这个奖惩方式来自《圣经》里绵羊与山羊的故事,也和足球规则一样:黄牌表示警告,第二张黄牌会变成红牌,表示出局。老师会在上课时不时地停下来提醒学生们黑板上的名单,谁现在位居第一,而两栏加起来又是多少。采用这个办法有一个好处,即在每天放学之前,老师都会擦掉这两行名字,让每天都是一个新的开始。

儿童们似乎对这个看得到且公开的警告方式反应很好，但有点令人担心的是，儿童们似乎过于注重左边这行会被惩罚的名单了，没有人在意右边的奖励名单里是否增加了新名字。

很难想象一个没有奖惩制度的教室，但以上两种方式可以让我们知道，若是没有好好掌控这样的制度，奖励和惩罚很容易偏离原来的目的。孩子们会对奖励表现出强烈的欲望，为了获得奖励而会相互竞争。但是在八九岁这个年纪，孩子们最关心的其实是公平性，而且通常会热烈地响应任何奖励和惩罚制度。

> **贴心小叮咛**
>
> 这个年龄的孩子对于奖励制度会给予支持和热烈的回应，但必须要注意公平性。

在家里的奖励与惩罚

每个家庭都有管教孩子的方式或传统。在孩子表现得好的时候给予赞美，若有不好的行为，则表达不赞同的意见。有些家长觉得这样就够了。当然，每一个孩子对于赞美的反应都不太一样，有些孩子很在意自己是否让爸妈不高兴了。有些家庭里的奖惩方式跟学校的制度很雷同，孩子可以赢得奖励，或失去某些权益。家长们会花很长时间跟孩子对于玩电脑或看电视的时间讨价还价。上床睡觉的时间可能是最常引发亲子争执的，尤其是当家中有不同年纪的兄弟姐妹，会为上床睡觉的先后顺序争吵时。在某些朋友圈里，孩子可以借助八卦（例如，谁被"禁足"了，或谁一周都不可以玩电动玩具）来在同伴团体中获得某种地位。就像在学校里一样，奖惩制度可能和情感上的经验（包括孩子与家长的经验）完全脱节，而变成讨价还价的行为。

> **贴心小叮咛**
>
> 对于上床睡觉时间的讨价还价是最常见的亲子争执主题，尤其是当家中有不同年纪的兄弟姐妹时。

8—9岁的孩子对于公平性的认知已经有相当成熟的发展，"这一点都不公平！"是这个年纪的孩子最喜欢的辩词。若是孩子觉得自己遭遇不公平的待遇，或是当其他兄弟姐妹或同学们可以做某些事情而自己却不行的时候，他们很快就会开始抱怨。

对于管教任性、没有礼貌的8—9岁的孩子，并没有万无一失的奖惩方式。但若是对孩子动之以情，并找出可以驱使他们改变行为的因素，父母有可能找到

> **贴心小叮咛**
>
> 没有万无一失的奖惩方式，较好的方式是动之以情，并找出驱使孩子改变的因素。如此一来，也许可以找到一个合适的管教方式。

一个比较适合的管教方式。孩子们需要知道界限在哪儿，以及会有什么样的后果，他们也需要了解自己的行为对他人是有影响的，当然也会有人关心。

第六章
学校生活点滴

在本章当中,我们会探讨一些关于这个年龄层的孩子在学校所发生的事、心理的转折、情绪的起伏及所带来的影响。

上一章所提到的赞美议题延伸到了本章,并通过真实案例分享了孩子对赞美的反应,很有趣。

对于欺凌、说脏话或言语性骚扰等偏差行为,在这里也有深入的剖析探讨。

形成小圈圈是这年纪的孩子的社交特色,他们是根据什么条件来组成小团体的?

随着地球村概念的兴起,族群认同和文化冲击也在学校上演着。如何与特殊的学生相处?本章提供了一些方向——因认识而不害怕,因了解而包容。

孩子对赞美的反应

在8—9岁的时候,孩子们开始对于自己是谁以及自己在家中和其他的社会群体当中所占据的位置有了清楚的了解。在8—9岁这个阶段,儿童渐渐发现了自己与其他人之间的不同。此时,他们开始对某些事情形成较为清楚的观点,例如,谁比谁聪明,谁比较会画画,谁的数学很好,谁很会写作文,等等。他们也开始审视自己在不同的团体当中到底扮演了什么样的角色。多数孩子会试着理解自己并没有办法在每一件事情上都成为"顶尖高手"。不过,希望他们能够在知道自己的相对优点后安心许多。对极少数孩子而言,与他人比较是一个非常痛苦的过程。认识到一个人不会在每一件事情上都最厉害已经相当令人难过了,要是与家人的关系也不好,在学校又交不到朋友,情况就会变得无法忍受了。这些孩子可能会想办法摆脱这样的不舒服感,而这样的想法又可能对自己或他人造成某些攻击行为,无论是明着来的,还

> **贴心小叮咛**
>
> 这个阶段的儿童渐渐发现了自己与他人的不同之处,也意识到了自己不会在每一件事上都做到拔尖。父母必须让孩子知道他有自己的优点,不一定要跟别人比较。

是暗地里使坏。

比利是一个8岁的身材矮小、脸色苍白的小男孩,顶着一头刺猬一样的金发,戴着厚厚的镜片。他的学习速度较慢,不过升上这个年级后,阅读能力慢慢有了进步,但他的写作能力还是落后许多。比利无法稳稳地握住铅笔,或把字母工整地写在网格线上。他的老师非常希望鼓励比利,只要有机会,就会表扬比利。但这个方法似乎功效不彰,老师也相当疑惑,不知道这个方式为何对比利的帮助不大。当老师称赞比利的时候,他会移开视线看向别处,双脚在桌子底下不停地前后交叉,并用手掩住作业本。

有一次在作文课上,比利写了一篇关于鲸鱼的文章,写得很不错。老师把握住了这次机会,把比利的作业本高举给全班同学看,请大家给比利一点掌声,并表示因为这篇文章,他可以得到一张金色的贴纸。此时,比利的脸涨红了,虽然他拿走了贴纸,但并没有把它放进口袋里。当天晚一点的时候,老师在垃圾桶里找到了被比利撕成两半的作业本,他着实吓了一大跳,不能理解一个自尊低落的孩子怎么会觉得赞美是无法忍受的事。如果这项作业没有唤起孩子内在的自豪感,这孩子可能会觉得赞美是一种侮辱。比利无法对老师表达出这样的感受,只好将自己的怒气和挫折发泄在作业本上。

杰森的行为就非常不一样了,从表面看来,他似乎不在乎自己的功课成绩如何。当老师想要帮他的时候,杰森会左右晃来晃去,坚称自己已经懂了,说:"嗯!好!好!好!"他似乎没有发现自己的作业和好朋友的作业在质量上有很大的差异。杰森的阅读与写作能力有障碍，但耍宝时显得机智幽默，总会逗笑班上的同学，尤其是当班主任不在而由助教或是其他老师来代课的时候。班上的其他孩子都很喜欢杰森搞笑的行为，但他的另外一个习惯深深困扰着大家。杰森觉得要将注意力专注在功课上是非常困难的，他总是向前靠着桌子，把拿铅笔的那只手伸到别人的桌面上，并且会在其他人的作业本上快笔涂鸦一番。有时候，他还会找个理由在教室里走动，然后在每一张桌子前停下来，取笑其他人所写的作业，或是把别人的作业用极快的速度揉成一团，然后说："糟糕！对不起呦！"被欺负的学生会向老师告状，老师便会警告杰森，然后告诉受害的学生擦去涂鸦，或重头再写一次。这看来相当不公平，但老师着实不知道要如何管教这个反复无常、让人又爱又恨的调皮鬼。

在类似的情形下，米瑞安却有完全不同的行为。她相当渴望得到老师的表扬。如果老师没有表扬她，她就会拿着作业本在教室里走来走去，要朋友们称赞自己。在每一堂课结束的时候，她都会询问老师是否可以得到一张贴纸，要是老师拒绝了，米瑞安就会再去问助教一次。在圣诞节前的几周，一件奇怪且令人烦恼的事情发生了，班上所有同学的作业本都不翼而飞了。刚开始的时候，老师认为可能是不小心收到别的地方去了，还请班上的同学一起花了点时间整理教室。但很快大家就发现，应该是有人把作业本偷走了。老师针对这件事情跟全班训了话，但是状况并没有改善，于是就把这件事情报告给了年级主任。年级主任写了一封信给所有的家长。几天后，米瑞安的妈妈到学校来要求与年级主任谈谈。米瑞安的妈妈非常的难过和生气，她觉得米瑞安最近的行为举止有点怪怪的，因此到米瑞安的房间查看了一下，并在她的床底下发现了作业本的碎片，原来米瑞安因为嫉妒比自己聪明的同学，于是就把作业本给偷回家了。

如何与特殊学生相处？

"特殊需求"这个用词涵盖了很广的范围，包括在发展上、认知上、行为上和情绪上的问题。有些与遗传基因有关，有些有生理原因，有些则跟环境有关。在一般的班级当中，有许多孩子一眼就看得出来有不同的特殊需求。可能会有一两个学生被诊断出有注意缺陷/多动障碍，以及一两个有阿斯伯格综合征症状或自闭症症状的孩子。若是在特殊学校，可能会有患其他障碍的学生，如脑瘫、肌肉萎缩症或唐氏综合征。

对于不同类型的"特殊需求"，熟悉症状会提供很大的帮助，可以减少恐惧和偏见。每个孩子与这些有特殊需求的同学建立关系的方式仰赖早期的经验和家长的态度，特别是内在世界较为抽象的部分。有些孩子喜欢照顾那些坐轮椅的同学，好像他们可以把自己软弱和依赖的部分移转到这些需要帮助的同学身上。当

> **贴心小叮咛**
>
> 熟悉了解有特需的学生的各种症状,如阿斯伯格综合征的症状、自闭症症状、多动症症状或脑瘫及唐氏综合征等,均有助于减少对他们的恐惧和偏见,也让老师较能够自在地与他们相处。

然,也要看这些需要协助的孩子本身的内在世界。有些孩子会产生嫉妒和憎恨的感觉,这往往阻碍了他们与其他儿童建立友善的友谊。有些孩子看起来像"小天使"一样,从来不抱怨,总是压抑自己的嫉妒与敌意。

帕梅拉·巴川(Pamela Bartram)所著的《了解特殊孩子的需求》(*Understanding Your Young Child with Special Needs*, 2007)一书详细探讨了相关的议题,并提供了许多案例,描述了该如何建立"活泼愉快的情感联结"。

有少数孩子可能无法与有障碍的同学相处,最好的情况可能是表现出了漠不关心的态度,最糟糕的情况则包括采取残酷的行为。他们可能只是无法面对痛苦和悲痛的事实,而想要远离这些人,更有甚者会去攻击对方。这种状况相当罕见,不过有可能发生在同伴之间,也有可能发生在父母有残障的状况里,就如同下列案例中所描述的。

在史蒂夫6岁的时候,父亲被诊断出患有多发性硬化症。刚开始的时候,症状并不太明显,因此大人们只告诉史蒂夫说爸爸有些时候会不太舒服,所以不能再跟他一起做他们之前常常从事的活动了，例如，到公园放风筝。3年后，父亲的状况恶化，状况令人相当沮丧。史蒂夫的妈妈疲于奔命，需要扛起一家的生计，但她决定保持乐观积极的态度。妈妈希望史蒂夫仍然爱着父亲，不要抱怨这个疾病带来的限制。有一天，当父亲请史蒂夫到楼上去帮他把拖鞋拿下来的时候，史蒂夫显得相当生气而且无法控制自己的情绪，他对着父亲大叫，要他自己站起来去楼上拿拖鞋。他看不起父亲的自怨自艾，抱怨自己为什么要被一个没有用的父亲拖累。史蒂夫发现自己竟然想象着要是把父亲的拐杖一脚踢开会是什么感觉。这个想法久久萦绕在他的脑海里，让他感觉罪孽深重，他开始讨厌自己，晚上也失眠了。

幸运的是，史蒂夫的姥姥介入了这个事件。她看出了史蒂夫满怀怒气，女儿和女婿却没有发现。她知道对于史蒂夫而言，失去一个活蹦乱跳的男性楷模是多么痛苦的一件事，再加上担心自己也会成为相同疾病的受害者。史蒂夫妈妈并不希望姥姥提起这件事情，但姥姥努力说服了妈妈。这帮助史蒂夫理解到还是有大人能够了解自己的感受的。之后，他感觉自己不再那么挑剔父亲了，慢慢找到了父子俩相互陪伴的方式。

培养孩子的才艺，不好吗？

有些家长付出了相当多的时间、精力和金钱，尽可能给孩子们提供机会。若是发现孩子有某种特殊的才能或潜力，家长常常会调整生活重心，专心致志地培养孩子，给予他们所需的一切协助，以求达到目标。无论孩子的潜力是游泳、舞蹈、溜冰、小型赛车还是演奏乐器，家长付出的牺牲都一样多。

这样单纯追求成功的心态可能在某些时候是必要的，但也可能扭曲了一般的家庭生活形态，夹带了很大的风险。若这孩子最后成了演奏家，或能代表国家参加奥林匹克运动会，或是成为国家体育代表队的选手，那么之前所付出的一切努力都是值得的。然而，也有一些家长会不停地强迫能力相对而言并非顶尖的孩子。举例来说，某些表演或舞蹈班的课程似乎是依照家长的期望安排的，而非针对孩子的喜好来设计的。目前，一般大众对于名利和名人动向的关切让很多孩子只想着出名。这是一个艰巨的任务，但倘若家长可以在追求某种成就时仍然给予孩子足够的家庭生活，便是为孩

> **贴心小叮咛**
>
> 父母在帮助孩子追求成功时，别忘了他们也需要享受一般家庭生活的乐趣，生命中不单有"成就"这件事而已。

子提供了最佳的帮助，让他们可以不与现实脱节，并在感受成功所带来的兴奋感时，也能学会处理失败的痛苦。

男孩女孩真的水火不容吗？

在这个成长阶段，男孩和女孩处于水火不容的状态下。男孩觉得女孩是娇弱无力或无知的，女孩则认为男孩不够敏感体贴或很粗鲁。有一群孩子因为有布置教室的需要，计划拍摄班级的集体照，每一个人都要提供一小段自我介绍，写下自己的好朋友是谁，以及喜欢和不喜欢的事物。很明显，所有的女孩都会列出其他的女同学作为自己的好朋友，且喜欢的都是宠物或是收集芭比娃娃。男孩的好朋友也都是男孩，兴趣则是运动，或是观看自己喜欢的足球队的比赛转播。当然，也有例外的。有些男孩或女孩在学校的时候会专注于跟同性建立友谊，对异性退避三舍，但是下午回家后，或是在周末的时候，又可以和异性朋友打成一片。表/堂兄弟姐妹们在学校里可能会对彼此"视而不见"，但是放假时、家族聚会时，他们又会很快乐地玩在一起。当然也有不属于这一类型的孩子，他们毅然决然地自处于异性团体当中。最明显的例子就是喜欢踢足球的女孩会希望加入玩足球的男孩团体。如果她很会踢足球，男孩子们就有可能接纳这个女孩和他们一起踢足球。不过，这个过程可能会导致其他的女孩团体排斥这个女

> **贴心小叮咛**
>
> 在学校时,男生女生可能壁垒分明,可是在私底下可能又能玩成一片,这就是这个阶段的孩子会做的事。

孩。相同地,也会有男孩偏好和女孩们一起从事较为静态的活动。在每一个八九岁孩子的班上,多多少少都会有至少一对男孩和女孩组成的好朋友,而且两人看起来是无法分离的。

族群认同与文化冲击

8—9岁的孩子通常可以理解有不同的族群、文化、语言和信仰。他们在理解人与人之间复杂的差异性上尚未臻于完善,而且人际间的裂痕可能相当粗糙而明显。哈桑常常主动提起身为索马里人应当遵循的习俗和信仰。但他的同学们并不能了解哈桑这样做的原因,其实这会让他在被排挤的时候感觉好过一点。同学们只是认为哈桑很爱出风头,因此对他产生了报复心理,他们会对着哈桑说他是"恐怖分子",并且取笑班上戴着穆斯林包头巾的女同学。其他同属于穆斯林的男同学们觉得自己应该站出来捍卫有相同信仰的女孩。老师有责任阻止这些因为缺乏充分了解而让政治议题在班级里一再上演的状况。很幸运,哈桑的老师已经准备好和同学们探讨这样的问题了。

哈桑就读的学校位于贫民区，有来自世界各地的学生，光是学生们会说的母语就有40多种。这样的学校如今有很大的变化，包含了各民族的精神特质，学校的课程安排也会通盘考虑多民族的特点，学校会教导孩子各种文化信仰的通则，并考虑了不同的节庆；在这样的学校里，偏见和怀疑可能比较少。然而，从另外一个角度来看，孩子可能会觉得自己面对着有分歧的忠诚问题：是应该遵循学校所教导的价值观，还是应该和父母站在同一阵线？若是和父母相同，可能要采取一种排外的态度。很多虔诚地遵守教规或文化守则的家庭有很多冲突，而这些冲突可能无法解决。下列描述的案例是一个信仰锡克教的家庭所遭遇的情况。这个家庭的妈妈不会讲英文，而父亲又长年在外。

> **贴心小叮咛**
>
> 当孩子在认同自己的族群和文化上产生了混淆时，可以通过团体讨论的方式来进行文化交流，希望同学们可以因了解而尊重彼此。这是一条漫长的路，急不来。

哈因德的妈妈一直都对自己8岁儿子的礼貌表现感到自豪。她教导儿子要尊敬年长者，当亲戚朋友来访时，儿子总是让她在大家面前相当有面子。当新学期进行了一半时，哈因德开始有粗鲁的态度，常常顶嘴。妈妈着实吓了一大跳，也感到相当沮丧。他从学校回来后就马上抱怨连连，他不想吃妈妈做的食物，他想要看妈妈觉得不妥当的电视节目，而且他也不想写作业。当妈妈骂他的时候，哈因德就讲英文来表示反抗。当妈妈生气的时候，哈因德就用双手捂住耳朵，令妈妈更为恼怒。每天晚上，妈妈都气得早早叫哈因德回房间去，哈因德就会藐视地耸耸肩。他一点都不在乎吗？

这种情况持续了好几周，哈因德的行为越来越夸张，妈妈也觉得越来越失望和丢脸。她不断地告诉儿子，等父亲从印度回来，一定叫父亲好好地管教他。妈妈在想是不是可以去学校问问看儿子在学校里的行为表现如何。但是妈妈对于去学校这件事情总觉得有点胆怯，而且没有哈因德帮忙翻译，她不知道要怎么处理。一两周之后，妈妈收到了一封来自学校年级主任的信，邀请她去学校和家校联络社工谈一谈。妈妈准时赴约，并在学校翻译的协助下，和哈因德的老师沟通讨论了儿子的行为。老师也很担心哈因德的情况，他的成绩一落千丈，上课的时候看起来也很不快乐。老师也发现，哈因德下课的时候不再和班上的同学玩在一起了，反而会去接近几个高年级的锡克教男孩。老师建议由家校联络社工进行家庭访问。

在家庭访问的时候，哈因德终于说出了自己也不知道该怎么办，他在班上像个局外人，但他又想要忠于自己的民族和文化，加上有些高年级的男孩觉得他们不应该讲英文，他其实有点害怕。

哈因德的行为就像其他发现自己陷入了很深的冲突困境的孩子一样。在学校里，他远离主流的同伴文化，而认同与自己来自相同族群的高年级学生。他希望父亲回来的时候可以因为他而感到骄傲。回到家中,他通过表现得像一个粗野笨拙的"西方"男孩来惩罚妈妈,因为那就是她担心自己儿子变成的样子。这两种说法都不是真的,事实上,哈因德在伦敦长大,他说着两种语言,身上背负着两种文化,他承袭了某些当地的文化,又不想放弃原生民族的特性。哈因德只是需要有人了解他所面临的困难,以及帮助他找出一个适合他自己和他家庭的应对方法。

校园欺凌

当感知到差异存在时,欺凌就会浮现。在孩子的学校生活中,很少有人否认自己曾经遭遇过任何形式的欺凌,有些人甚至会承认自己曾经欺负过他人。欺凌始于相当简单的心理动机,通常是潜意识的。若是以具体的行为展现,就可能对受害者造成很大的伤害。这个动机是这样的:"我不想觉得自己是渺小、可怜或愚笨的,所以我要让其他人感受到这样的情绪。"被欺负

> **贴心小叮咛**
>
> 欺凌始于相当简单的心理动机,通常是潜意识的,这个动机是这样的:"我不想觉得自己是渺小、可怜或愚笨的,所以我要让其他人感受到这样的情绪。"

的对象可能体型娇小、软弱、成就较低，或仅是因为对方是"不一样"的人。受害者可能实际上不真的具有这样的条件，不过他们深信自己是这样的，因此很快、也很容易落入受害者的角色。

欺凌有很多类型，有些的确是非常严重的。学校需要制定清楚的规则，让所有儿童都知道这类事件会产生什么样的后果。若是没有好好处理欺凌事件，欺负同学的孩子会对这种经验上瘾，而其中的赌注则越来越大，欺负他人的方式也会越来越恶劣极端。欺凌者会被越来越多的"支持者"围绕，这些人保护着加害者，会防止任何可能的报复行为。网络上的欺凌更为严重，使用网络的加害者可以将自己与这些欺凌行为隔绝开来，他们可以想象自己的行为加诸被害者身上时对方的反应为何，但不需要真正看到。在一些社交网站上加入欺凌行为的孩子们并不认为自己是在欺负别人，这种想法是相当冷酷无情的。

早期介入能抓住控制欺凌的最好时机，然而保持警戒心只是解决方法的一方面，同时也需要让欺负人的加害者或是被欺负的受害者有机会说出他们的经历。班上的活动，例如，小组讨论，或是学校所安排的有关社交与情绪学习课程或其他类似的课程，都

贴心小叮咛

早期介入能抓住控制欺凌的最好时机。除了让孩子保持警戒心之外，同时也需要让欺凌者与被欺凌者有机会说出他们心里的感受，找出问题源头，才能杜绝欺凌行为。

可以引导8—9岁的孩子去思考欺凌行为的意义，以及如何从自身和他人的经验当中学习。

说脏话和言语性骚扰

在操场中，语言是比较不受限制的，倘若家长不希望孩子们说太多脏话或粗俗的俚语，必须下很大的功夫来规范孩子的语言。电视节目对孩子所使用的语言有很大的影响。当一对爸妈要求8岁的女儿把头发梳理整齐时，她的回应是无所谓地耸耸肩说着"随便"，这让父母大感震惊。很多潜伏期的孩子们会使用在操场或马路上看到的其他人所使用的手势，却不知道那代表什么意思。孩子们需要别人来告诉他们，老师不喜欢学生对着他们耸肩，绝对不可以跟任何人比中指，也不可以跟祖母说自己的老师是"废物"。

> **贴心小叮咛**
>
> 这年纪的孩子飙的脏话或轻佻的话大多是学来的，他们不见得知道这些话所代表的真正意思，由此可知，大人的言传身教有多么重要。

克里斯托弗下课时非常高兴，因为他遇到了班上的一群女孩子，且很大胆地对她们说自己想要"上了她们"。女孩子们一开始只是咯咯地笑，这助长了克里斯托弗的行为。他绕着女孩子们边跳舞边说："上了你，上了你，上了你，而且你会很爱！"女孩子们开始觉得有点尴尬，叫他走开。但克里斯托弗非常兴奋，继续围绕在女孩们的旁边手舞足蹈。这时，西尔维亚突然哭了起来，她的朋友们围在她身边，抱着她。其中一个女孩转头对克里斯托弗说："滚开！"他却变得更加兴奋地说着："你说脏话，你说脏话，你说了脏话！"这个时候，看管操场的老师听到了吵闹声，走了过来。老师抓住克里斯托弗的手臂，领着他往教室走去，同时也告诉女孩们一起跟上。

当克里斯托弗的妈妈接到学校的通知时非常生气，妈妈不能理解克里斯托弗到底在想什么，在把儿子从学校带回家的路上，她一路无语，直到就寝的时间都没有跟克里斯托弗说上一句话。当妈妈送克里斯托弗上床时，他泪眼汪汪的，妈妈也不知道该说些什么。稍晚的时候，父亲试着跟他谈了谈。这时他问爸爸："'上了你'是什么意思？"原来他对于这句话的意思只有很模糊的印象。他之所以不停地重复，只是因为他曾经听过其他的大男孩在马路上对着一些女孩说这话。他以为这样一来，班上的女同学们就会对自己有好感。

8—9岁的孩子特别容易因为使用夸张的语言而让自己陷入麻烦，这也是会让家庭与学校产生严重误解的地方。就像孩子会在父母之间或在父母与祖父母之间挑拨离间一样，他们可能会坚持说某个词句是学校的老师教他们的，或是老师不介意他们使用这个词句。同样地，孩子可能表示他们在自己家里可以说脏话，或使用有性暗示的或鄙视他人的词句。当然，要是孩子来自一个大人们常常飙脏话的家庭，他们的确会觉得在学校里控制自己说出的话是一件相当困难的事情，尤其是当自己在气头上或是很兴奋的时候。

> **贴心小叮咛**
>
> 8—9岁的孩子特别容易因为使用夸张的语言而让自己陷入麻烦。这也是会让家庭与学校产生严重误解的地方，孩子会在这两者之间挑拨离间，对父母说这是学校老师教的，对学校的辩解是我爸妈也是这么说的。所以，大人们要给孩子设下相当明确的界限，明确规定哪些话是不可以说的，或是当他们说出不雅的话时，应当立刻制止。

第七章
流行文化、商品的特定消费族群

本章提到了流行文化、品牌及科技产品对孩子的影响,进而造成了亲子间的冲突。

想必爸妈都很有经验,都会处理要不要给孩子买手机,让不让孩子玩电脑游戏或者花很多钱去买特定商品的问题。这时就不得不佩服厂商铺天盖地的营销手段加上媒体的推波助澜,很少有家长能不屈服。但是通过这样的过程,父母和孩子学到了什么?

对于儿童日益肥胖的问题又该如何解决与控制,在本章中有详尽的描述和深入的探讨。

追求品牌及流行事物

从20世纪90年代末开始，儿童用品商业化的速度加剧，市场上充斥着针对某个年龄层而设计的服饰、玩具、书籍和各式各样的收集性商品。到了8岁这个年纪，西方社会的孩子们通常已成了相当成熟的消费者。他们知道市面上有哪些商品，即使家长们禁止他们购买，孩子仍然会看到同学们拥有哪些产品。每一部电影或畅销童书都会设计"非买不可"的周边纪念品。这些商品多是塑料制的主人公复制品，也有服饰、围巾、包包、铅笔盒等。一件普通的商品，例如直尺，只因为一头有了商标就可标上夸张的高价。也有特定的商品是用来吸引特定俱乐部的球迷的，或是吸引某个偶像团体的粉丝的。有些食品将目标消费族群设定为儿童，且邀请了知名的运动选手或流行歌手进行代言。

> **贴心小叮咛**
>
> 收集物品是潜伏期的主要特征，孩子们喜欢收集且把所收集到的物品当作与他人建立关系的筹码。

收集物品仍然是潜伏期儿童的主要特征。他们喜欢收集，且把所收集到的物品当作与他人建立关系的筹码。他们可以夸耀自己所拥有的收集品，或拿收集品和别人交换，用其他物品与他人讨价还价，通过赠送自己的收集品给其他没有的朋友们，来展现自己的慷慨大方等。然而，要是压力很大，或是收集品的价值很昂贵，就有引来他人勒索敲诈或偷窃的危险。学校大多鼓励孩子收集不需要用金钱购买的物品。不过，面临时下这么多的营销策略，这是相当难以落实的。很多学校会制定规则，规定孩子们不可以携带哪些物品到学校，电动玩具、手机和音乐播放器等通常都在禁止携带的名单中。

此外，若家长坚持让孩子的穿着打扮与其朋友们不一样，会让孩子觉得很尴尬。而现在，这样的情况越来越多，尤其是对于"标签"或"品牌"的执着狂热已渐渐渗入了这个年龄层。即使是在8岁这个年纪，球鞋上有没有大家都看得出来的品牌标志对孩子来说也有很大的关系。成年人很担心这个年纪的女孩的服饰过于强调女性特质，或是符合时代潮流的"萌"样打扮。丁字裤、比基尼上衣、迷你裙等在青春期前的女孩间的流行仍饱受争议，这样的趋势是否太凸显性别差异

> **贴心小叮咛**
>
> 这年纪的孩子不喜欢跟同伴不一样，同学有什么，我也要有什么，大家谈论什么，我也要能够加入。这有时会造成亲子之间的冲突。当父母了解了孩子的心态之后，在顾及孩子心情的同时好好地沟通，应该会有帮助。

了，这是需要注意的；对家长和学校而言，这也是相当具有挑战性的议题。

数字科技带来的改变

家长在这方面会备感压力。2000年以来，体会到数字科技带来的冲击之后，家长们开始限制儿童看电视、玩电脑游戏和上网的时间了。但仍须观察这样的方式是否有效，以及是否能够抵挡住逐渐强大的营销狂潮。

不过值得注意的，若是对这些电子产品、数字科技产品的使用得当，对于孩子的生活也是相当重要的。尤其是对于潜伏期的孩子们来说，当他们需要在建立关系的纷扰中暂时休息一下，并花点时间掌握新技巧并获得相关知识时，某些电脑软件或游戏可以提供一个可以控制的学习环境，而且能设下自己可以达成的目标，并用合适的步调节奏来完成。电脑中的文字处理软件可以帮助书写有困难的孩子，并增强他们的自信心。很多有关艺术的程序软件可以激发孩子的创造力，就如同下面描述的案例。

有一天，学校放假，9岁的苏和10岁的邻居泰拉待在苏的家里。苏的妈妈在电脑前工作，要求苏和泰拉不要来吵她，好让她赶快把工作完成。她们不能看电视，所以觉得很无聊且愤愤不平。格里格太太建议她们画画，或到外面的花园里玩，或是看书。孩子们仍没好气地回答说不知道要做什么。

后来,格里格太太非常讶异地发现,这两个小女孩有将近2小时都没有来烦她了。她放下工作,对把孩子们晾在一旁这么久感到相当愧疚。看到大人终于有空了,这两个小女孩迫不及待地想要展示她们做了些什么。她们后来决定画画,之后发展成利用卡纸和塑料小管做模型。苏做了一个巫婆,这让她们想到了小红帽的故事,于是她们很快就做出了这个故事中的所有人物,还想着是不是该做一个戏台。但她们突然又有了另外一个想法,她们把这些模型带到花园里拍照,把花园里长长的草当作森林,把鸟儿喝水的盆子当作湖泊,然后还用树枝建造了外祖母的家。她们用格里格太太的相机照了很多照片,现在她们想要把这些照片传到计算机里,做成文件播放,甚至已经讨论好字幕要写些什么了。

这次冒险充满了潜伏期应有的元素,这两个小女孩接近青少年前期的"我很无聊"的状态,后来她们找到了可以进行的活动,再度对潜伏期时会关心的事物燃起了兴趣。画画和剪贴对于潜伏期的孩子们来说是"安全"的活动,而她们选择的内容是长大后便不适用的故事,但这故事中有她们熟悉的元素,例如冒险的经历、有转折的情节和好人战胜坏人的结局。

贴心小叮咛

既然无法遏止数字产品潮流的蔓延,只好改变策略,善用这些科技产品,但小心不要上瘾了。

正视儿童的肥胖问题

有研究显示,现在的儿童摄取了较多会导致肥胖的食物,以及过咸和过甜的食物;此外,孩子的运动量相对减少了。这让人不禁怀疑时下的媒体是不是充斥了太多的垃圾食品广告。英国有很多学校设有福利社和自动贩卖机,但很多小学已经禁止贩卖糖果类的商品了,改以水果代替。有些机构提倡"走路上学"的活动,并让家长组成小组,护送孩子上学。事实上,摄取合理而充足的食物和从事适当的运动除了可以让人较为强壮和健康,还与专心学习的能力有一定程度的联系。

很不幸,提倡校内健康饮食的活动并没有在英国所有地区收到立竿见影的效果,很多家长抱怨这个活动是替父母找麻烦,有些人甚至压根儿就不相信这些证据和研究结果。对家长而言,要"剥夺"孩子喜欢吃什么东西的权利是很难的,尤其是在某些贫穷的小区当中。对学生来说,要在这方面"教育"爸妈也是一件不容易的事情。虽然长期来说,孩子在学校的经验终有一天会影响家中的饮食和运动习惯。

就个体而言,对某些人来说,吃东西仍是快乐的源泉;可是对某些人来说,却能引发冲突与焦虑。到了八九岁的时候,孩子们对事物的好恶通常已有明显的主张,吃饭时间就是展现很多家庭争吵的最佳场景。提供饮食是养育孩子的最基本的任务之一，无论是哪个年纪的孩子都知道要如何让爸妈焦虑。一个"挑剔的"9岁孩子的妈妈说道："他就是知道我的雷区在哪里。"妈妈还说，就连他还是小婴儿的时候也是如此，孩子知道妈妈什么时候很累或是过于疲劳，那时候他就会花很长时间喝奶。相较于吃太多食物，孩子拒吃东西的状况更让父母担心，而且此时通常都需要第三方的介入，其他家庭成员或是专业人士都可以让这一令亲子焦虑的状况不再继续恶化。在这个年纪，出于对动物的喜爱，孩子可能会决定吃素；或是突然要求吃有机食品，或是较为节能低碳的食物。这样的热情有些是昙花一现的，但也有可能成为一个人在发展中的自我认同的一部分。

吃得少的饮食问题可以利用行为主义的策略来改善，但有些状况可能是更为严重的问题的表征，例如担心自己的体态、成长、分离或学校里的竞争状况等。9岁儿童的饮食习惯若是变化得太大，就需要正视。能够在不同的情况下取用不同种类的食物，对于正在发展家庭之外的社交生活的孩子是相当重要的一件事情。

> **贴心小叮咛**
>
> 饮食和运动是控制体重的不二法门。当儿童的饮食习惯改变太大时，必须注意这是否为某些严重问题的表征，比如欺凌、学校的竞争压力、厌食等。

总　　结

装大人的时期要结束了

迈入两位数的年纪是相当重要的里程碑，在某些教育体制中，10岁和11岁的孩子很快就会从小学转入初中了。

从"刚满8岁"到"接近10岁"的这一段路相当遥远，而且孩子们会相当期待下一阶段的来临。然而，无论在哪一个团体当中，当10岁生日快到的时候，无论是在生理上、心理上还是情绪上，有些孩子已经准备好进入下一阶段了，有些孩子则还没有完全准备好，他们仍然想要停留在潜伏期这段舒服的状态中。

总而言之，孩子在接近10岁生日的时候已经相当了解自己是谁了，知道自己在家里、在家族里和在学校当中所扮演的角色是什么。孩子可以针对自己的优缺点、好恶、想要做什么或是不想要做什么，以及关心什么、不关心什么，发展出某种程度的理解。多数"即将10岁"的孩子都知道自己有一段个人史，而且喜欢听爸妈或祖父母讲述自己小时候的事情。他们也开始思考,未来想要取得的成就是什么,虽然他们的野心可能不切实际,不过至少他们能够想象自己在大人的世界当中会扮演什么样的角色了。孩子们不再以简单的角度来看待事物,事情也不是非对即错的,且开始以多种角度来思考事物,甚至检视自己矛盾的感受。孩子在接近8岁的时候往往会尝试展开新的友谊,且开始专注于感受属于另一个完全不同的小团体会是一个什么样的感觉。9岁零9个月的孩子会开始与父母持相反的意见,他们可能在突然之间变得较不听话、不顺从以及好争论。在过去的两三年之间,他们的精力都花在获取所需要的知识与技能上了,而现在,孩子的注意力需要再度转移到人与人之间的关系上。

参考文献

Bartram, P. (2007) *Understanding Your Young Child with Special Needs*. London: Jessica Kingsley Publishers.

Emanuel, L. (2005) *Understanding Your Three-year-old*. London: Jessica Kingsley Publishers.

Child Line (1999) *Suddenly...99 Short Stories for the Millennium*. High Wycombe: Staples.

Youell, B. (2006) *The Learning Relationship: Psychoanalytic Thinking in Education*. London: Karnac.